拜德雅
Paideia
人文丛书

时间与他者

[法] 伊曼努尔 · 列维纳斯（Emmanuel Levinas）| 著

王嘉军 | 译

长江出版传媒 | 长江文艺出版社

目　录

- 总　序 -

重拾拜德雅之学

1

中国古代,士之教育的主要内容是德与雅。《礼记》云:“乐正崇四术，立四教，顺先王《诗》《书》《礼》《乐》以造士。春秋教以《礼》《乐》，冬夏教以《诗》《书》。”这些便是针对士之潜在人选所开展的文化、政治教育的内容，其目的在于使之在品质、学识、洞见、政论上均能符合士的标准，以成为真正有德的博雅之士。

实际上，不仅是中国，古希腊也存在着类似的德雅兼蓄之学，即 paideia(παιδεία)。paideia 是古希腊城邦用于教化和培育城邦公民的教学内容，亦即古希腊学园中所传授的治理城邦的学问。古希腊的学园多招收贵族子弟，他们所维护的也是城邦贵族统治的秩序。在古希腊学园中，一般教授修辞学、语法学、音乐、诗歌、哲学，当然也会讲授今天被视为自然科学的某些学问，如算术和医学。不过在古希腊，这些学科之间的区分没有那么明显，更不会存在今天的文理之分。相反，这些在学园里被讲授的学问被统一称为 paideia。经过 paideia 之学的培育，这些贵族身份的公民会变得 "καλὸς κἀγαθός"（雅而有德），这个古希腊词语形容理想的人的行为，而古希腊历史学家希罗多德（Ἡρόδοτος）常在他的《历史》中用这个词来描绘古典时代的英雄形象。

在古希腊，对 paideia 之学呼声最高的，莫过于智者学派的演说家和教育家伊索克拉底（Ἰσοκράτης），他大力主张对全体城邦公民开展 paideia 的教育。在伊索克拉底看来，paideia 已然不再是某个特权阶层让其后嗣垄断统治权力的教育，相反，真正的 paideia 教育在于给人们以心灵的启迪，开启人们的心智，与此同时，paideia 教育也让雅典人真正具有了人的美德。在伊索克拉底那里，paideia 赋予了雅典公民淳美的品德、高雅的性情，这正是雅典公民获得独一无二的人之美德的唯一途径。在这个意义上，paideia 之学，经过伊索克拉底的改造，成为一种让人成长的学问，让人从 paideia 之中寻找到属于人的德性和智慧。或许，这就是中世纪基督教教育中，及文艺复兴时期，paideia 被等同于人文学的原因。

2

在《词与物》最后，福柯提出了一个“人文科学”的问题。福柯认为，人文科学是一门关于人的科学，而这门科学，绝不是像某些生物学家和进化论者所认为的那样，从简单的生物学范畴来思考人的存在。相反，福柯认为，人是“这样一个生物，即他从他所完全属于的并且他的整个存在据以被贯穿的生命内部构成了他赖以生活的种种表象，并且在这些表象的基础上,他拥有了能去恰好表象生命这个奇特力量”[1]。尽管福柯这段话十分绕口，但他的意思是很明确的，人在这个世界上的存在是一个相当复杂的现象，它所涉及的是我们在这个世界上的方方面面，包括哲学、语言、诗歌等。这样，人文科学绝不是从某个孤立的角度(如单独从哲学的角度，

1　米歇尔·福柯,《词与物》, 莫伟民译，上海：上海三联书店，2001 年，第 459–460 页。

单独从文学的角度，单独从艺术的角度）去审视我们作为人在这个世界上的存在，相反，它有助于我们思考自己在面对这个世界的综合复杂性时的构成性存在。

其实早在福柯之前，德国古典学家魏尔纳·贾格尔（Werner Jaeger）就将paideia看成一个超越所有学科之上的人文学总体之学。正如贾格尔所说，“paideia，不仅仅是一个符号名称，更是代表着这个词所展现出来的历史主题。事实上，和其他非常广泛的概念一样，这个主题非常难以界定，它拒绝被限定在一个抽象的表达之下。唯有当我们阅读其历史，并跟随其脚步孜孜不倦地观察它如何实现自身，我们才能理解这个词的完整内容和含义。……我们很难避免用诸如文明、文化、传统、文学或教育之类的词汇来表达它。但这些词没有一个可以覆盖paideia这个词在古希腊时期的意义。上述那些词都只涉及paideia的某个侧面：除非把那些表达综合在一起，我们才能看到这个古希腊概念的范阈”[1]。贾格尔强调的正是后来福柯所主张的“人文科学”所涉及的内涵，也就是说，paideia代表着一种先于现代人文科学分科之前的总体性对人

1 Werner Jaeger, *Paideia: The Ideals of Greek Culture*, vol. 1, Oxford: Blackwell, 1946, p.i.

文科学的综合性探讨研究，它所涉及的，就是人之所以为人的诸多方面的总和，那些使人具有人之心智、人之德性、人之美感的全部领域的汇集。这也正是福柯所说的人文科学就是人的实证性（positivité）之所是，在这个意义上，福柯与贾格尔对 paideia 的界定是高度统一的，他们共同关心的是，究竟是什么，让我们在这个大地上具有了诸如此类的人的秉性，又是什么塑造了全体人类的秉性。paideia，一门综合性的人文科学，正如伊索克拉底所说的那样，一方面给予我们智慧的启迪；另一方面又赋予我们人之所以为人的生命形式。对这门科学的探索，必然同时涉及两个不同侧面：一方面是对经典的探索，寻求那些已经被确认为人的秉性的美德，在这个基础上，去探索人之所以为人的种种学问；另一方面，也更为重要的是，我们需要依循着福柯的足迹，在探索了我们在这个世界上的生命形式之后，最终还要对这种作为实质性的生命形式进行反思、批判和超越，即让我们的生命在其形式的极限处颤动。

这样，paideia 同时包括的两个侧面，也意味着人们对自己的生命和存在进行探索的两个方向：一方面它有着古典学的厚重，代表着人文科学悠久历史发展中形成的良好传统，孜孜不倦地寻找人生的真谛；另一方面，也代表着人文科学努力在生命的边缘处，寻找向着生命形式的外部空间拓展，以延伸我们内在生命的可能。

3

这就是我们出版这套丛书的初衷。不过，我们并没有将 paideia 一词直接翻译为常用译法“人文学”，因为这个“人文学”在中文语境中使用起来，会偏离这个词原本的特有含义，所以，我们将 paideia 音译为“拜德雅”。此译首先是在发音上十分近似于其古希腊词汇，更重要的是，这门学问诞生之初，便是德雅兼蓄之学。和我们中国古代德雅之学强调“六艺”一样，古希腊的拜德雅之学也有相对固定的分目，或称为“八艺”，即体操、语法、修辞、音乐、数学、地理、自然史与哲学。这八门学科，体现出拜德雅之学从来就不是孤立地在某一个门类下的专门之学，而是统摄了古代的科学、哲学、艺术、语言学甚至体育等门类的综合性之学，其中既强调了亚里士多德所谓勇敢、节制、正义、智慧这四种美德

（ἀρετή），也追求诸如音乐之类的雅学。同时，在古希腊人看来，“雅而有德”是一个崇高的理想。我们的教育，我们的人文学，最终是要面向一个高雅而有德的品质，因而我们在音译中选用了“拜”这个字。这样，“拜德雅”既从音译上翻译了这个古希腊词汇，也很好地从意译上表达了它的含义，避免了单纯叫作“人文学”所可能引生的不必要的歧义。本丛书的 logo，由黑白八点构成，以玄为德，以白为雅，黑白双色正好体现德雅兼蓄之意。同时，这八个点既对应于拜德雅之学的“八艺”，也对应于柏拉图在《蒂迈欧篇》中谈到的正六面体（五种柏拉图体之一）的八个顶点。它既是智慧美德的象征，也体现了审美的典雅。

不过，对于今天的我们来说，更重要的是，跟随福柯的脚步，向着一种新型的人文科学，即一种新的拜德雅前进。在我们的系列中，既包括那些作为人类思想精华的**经典作品**，也包括那些试图冲破人文学既有之藩篱，去探寻我们生命形式的可能性的**前沿著作**。

既然是新人文科学，既然是新拜德雅之学，那么现代人文科学分科的体系在我们的系列中或许就显得不那么重要了。这个拜德雅系列，已经将历史学、艺术学、文学或诗学、哲学、政治学、法学，乃至社会学、经济学等多门学科涵括在内，其中的作品，或许就是各个学科共同的精神财富。对这样一些作品的译介，正是要达到这样一个目的：在一个大的人文学的背景下，在一个大的拜德雅之下，来自不同学科的我们，可以在同样的文字中，去呼吸这些伟大著作为我们带来的新鲜空气。

- 译者导读 -

1945年，经历了“二战”的列维纳斯回到巴黎，与妻子和女儿团聚，她们由于布朗肖等友人的营救而得以幸存，但列维纳斯在立陶宛的家人却被纳粹杀害了，作为法军士兵的列维纳斯也在战俘营被关押了四年，并在那里酝酿了他的第一本代表著作：《从存在到存在者》。回到巴黎的列维纳斯开始了新的生活，并于1946年应朋友让·瓦尔所邀在其创建的哲学学院以“时间与他者”为题举办了四次讲座，[1]其后

---

1 瓦尔登菲尔茨(Waldenfels)指出，“时间与他者”不是列维纳斯在哲学学院唯一的讲座，1961年他还受邀在该院举行了名为“人之面容”(Le visage humain)的讲座，梅洛-庞蒂参与了讲座后的讨论。Bernhard Waldenfels. “Levinas and the face of the other,” in *The Cambridge Companion to Levinas* Ed. Simon Critchley and Robert Bernasconi, Cambridge: Cambridge University Press, 2004, p.80.

讲座的速记稿经整理后于 1948 年被收录到哲学学院的第一本文集《选择、世界和存在》中并出版。尽管只是讲稿的结集，尽管篇幅短小，尽管存在着列维纳斯本人在该书再版前言中所说的诸多缺陷（参见本书“前言”），但《时间与他者》却被公认为列维纳斯的代表著作，并产生了深远的影响。笔者认为这是由多方面原因造成的。首先，尽管《时间与他者》篇幅不长，但是它的体系完整且思路独特，全面呈现了列维纳斯这一时期关于“时间与他者”之思考；其次，《时间与他者》既接续了 1947 年出版的《从存在到存在者》的论述，又预演了 1961 年出版的《总体与无限》的关键性思路，从而成为这两本重要著作之间的过渡，勾勒了连贯的思想发展路线；最后，由于文本来自现场讲座，因此《时间与他者》有着列维纳斯著作中少有的直接清晰。线路图式的表述，也更易于让读者概观其思想。尽管对于不熟悉列维纳斯思想的读者来说，本书依旧有不低的门槛，但相比于他的其他著作，尤其是晚期著作，这本书确实是入门的最佳选择之一。读者只需比较一下本书 1979 年的再版前言和正文中的表述，就可以窥见列维纳斯语言风格的变化。正因如此，我建议对列维纳斯思想不太熟悉的读者，可以先读完全书再反过来阅读其前言中的回顾和概括。

《时间与他者》有许多潜在的对话者，其中既包括巴门尼德、柏拉图、帕斯卡尔、柏格森、胡塞尔、萨特等哲学家，也包括莎士比亚、布朗肖、加缪和纪德等文学家。但毫无疑问，其中最重要的对话者始终是列维纳斯曾经的老师，后来的思想对手海德格尔。我们从《时间与他者》对海德格尔哲学的批判入手，或许可以更直接地进入列维纳斯的致思路线。

1. 存在是基础的吗？

列维纳斯在同时期（1951 年）曾经写过另外一篇重要论文：《存在论是基础的吗？》。这篇论文更为直接地展现了列维纳斯与海德格尔的较量，以及列维纳斯超越存在论之基础性的企图。在列维纳斯的哲学（伦理学）中，一切都是从对存在论基础性的超越开始的。首要便是要超越“存在”的基础性，毫无疑问，海德格尔存在论哲学中最为基础的概念便是“存在”。在列维纳斯看来，这一存在总是与“对存在的理解”密不可分的，甚至可以说，存在即是对存在的理解。而且，存在、存在的真理，总是在存在者，更准确地说——“此在”中通达的，否则存在就是不可被理解的，它的真理也不可能显现出来。在这个意义上，没有一种“无存在者的存在”。然而，列维纳斯要追问的是，是否可以设想一种不依附于存在者之理解的“存在”、一种独立的“存在”？这一“存在”对应的是“l' exister”而不是“Being”。因此，对其的翻译是“实存”而非“存在”，它实存着，却还不“存在”，不“是”任何东西，不具任何意义。

这一实存，当然是无法被描述的，因为其先于“存在者”，先于实体、先于主体，也就是先于意义和意识，我们对其没有意识，无法理解。列维纳斯用比喻性的语言将其描述为：“就像一个所有东西都沉没了的地方，就像一种空气的稠密，就像一种空无的满盈或沉默的窸窣。在所有物和存在者毁灭之后，只有一种无人称的实存之‘力场’。”（参见本书第 15 页）他还将其类比为一种特殊的经验——“失眠”，在纯粹的失眠，也即不为任何具体事情担忧的失眠中，时间似乎被打散了，一切在无止无休的开始和延续，但却没有实质性的进展，一切都是无意义的循环往复，陷入胶着，这就类似于实存的运作。“有”（il y a）这一概念所表达的也是实存的意思，所谓“有”意味的是：只是有“有”这一事实，却不知道有什么东西，也就是说没有任何存在者，而只是有“有”本身。

这也是实存的状态：是实存本身实存着，而不是某种东西在实存中实存着。所以，“il y a”和实存都是匿名的。这样一来，一个实存者，或者说存在者、实体从这一实存中“逃离”或出显就是必要的，否则一切就将永远停留于实存的混沌之中。列维纳斯将这一实存者从实存中出离的过程，称为“实显”（hypostase），对于“实显”的论述是《从存在到存在者》的主要论题，它涉及的是实存者从自身的不断出发，在“努力”中不断争取一个“现在”和“位置”，从而使得自身得以安放。

通过“实显”，实存者或曰主体在某种程度上建构了自身的主体性，摆脱了匿名之“有”和实存的掌控，但与此同时，主体又被束缚于自身之中，从而无法摆脱自身的孤独。主体从实存中挣脱之后，“实存”就变成了“我的实存”，从而主体便束缚于自身的实存之中。如列维纳斯所说，主体可以和他者交换一切，却唯独不可以交换自己的实存（参见本书第 9 页）。更具体来说，在主体诞生之后，其“自我”（le moi）就被束缚于其“自身”（le soi）之中，自我总是在操心自身，操持自身，正是这种自我对自身的时刻关切建立了主体的同一性，但与此同时，主体也就被束缚于这种同一性之中。这种自我对自身的依附，这种超离自身的不可能性，这种分离的不可能性，这种滞重，被列维纳斯称为“物质性”。列维纳斯强调自己是在唯物主义的意义上来使用该词的，物质性当然标识了主体的局限性，但是它同时也抗拒了唯心主义的虚妄，那种虚妄往往忽视主体的物质性实存，甚至忽视主体肉身的限定性，而妄想一种完全超乎于物质之上的精神，这便是一种主体性的幻觉。因此，对于列维纳斯而言，物质性不是一个绝对消极的概念，正是由于其限定性，才使得主体遭遇外部和他者，并从这种遭遇中获得拯救得以可能。否则，主体完全可以通过自身就获得一种超越，或抵达一种“绝对”。

2. 生活就是为了享受生活

这便转到了本书第 2 章的主要论题：享受和日常生活中的超越。物质性，也即自我对自身的操持，使得享受成为可能，而享受作为一种主体与外部交往的方式，某种程度上，已经为主体带来了一种日常生活中的超越和拯救。如果没有自我对自身的操持，例如，自我对自身的担忧，或自我对自身之饥渴的感受，当然也就不会有享受。如果自我完全可以置自身于不顾，而超然于万物，当然也就不会有满足可言，因为它早就自我满足了。它在饥渴之前，就已经满足了。正是饥渴带来了满足，而饮食的满足便是首要的享受，在这个意义上，世间万物都可以被视为满足我之需求的“食物”或“人间食粮”。我们与世界打交道的方式首要地就在于这种享受，饮食的享受，饮食不是为了健康或活着，饮食就是为了享受食物本身，及其带给我的满足。就像列维纳斯说的，“去散步就是要去呼吸清新的空气，不是为了健康，而是为了空气。”（参见本书第 42 页）这一点后来在《总体与无限》中得到了更为全面的阐发，列维纳斯也在其中更直接地凸显了“享受”这一概念对海德格尔哲学的批判。海德格尔将日常生活和我们在其中使用的诸用具设定为一个互相指引的用具体系，每一个用具都指向别的用具，最终指向我们对生存的操心，然而却忽视了这些用具的真正目的是为了满足和享受。这些互相指引的“用具整个地掩盖住了用途与目标的实现—满足。海德格尔那里的 Dasein 从来不感到饥饿”。[1] 而且，在海德格尔那里，日常生活总是应当“为”通达存在而服务，如果它不能通达存在，那么它就是一种沉沦的生活。然而，

1 伊曼努尔·列维纳斯，《总体与无限：论外在性》，朱刚译，北京：北京大学出版社 2016 年版，第 115 页。

列维纳斯却指出，所谓的生活并不是为了别的目的，生活就是为了享受生活本身。

这一批判还隐含地指向了海德格尔对身体的忽视，享受，尤其是饮食的享受，基于需求，基于饥渴，而饥渴本质上又源于我们的身体。我们的身体既带给我们饥渴，也带给我们满足。从这个意义上说，“物质性”和“享受”恰恰是由于我们的身体、我们肉身化的实存所导致的。所以，肉身既是我们的限制，同时也是我们在日常生活中超越的基础。如果忽视肉身，人们往往就会把超越寄托于精神，而这对于列维纳斯而言是危险的。最糟糕的情况莫过于纳粹把身体特征与一种纯粹血统和民族精神相勾连，从而排斥和抹杀其他种族的身体。对此，列维纳斯早年（1934 年）在《反思希特勒主义哲学》中曾经有过深刻阐释。[1] 其次，精神时常把身体作为自身纯化的障碍，而所谓的“纯化”就是要寻求一种独一性和绝对性，这种独一性和绝对性对于列维纳斯而言，恰恰掩埋了存在之多元性。多元性的消失，也就意味着他者的消失，而他者的消失便意味着伦理的消失。故此，身体恰恰是维系

---

1 Cf. “Reflections on the Philosophy of Hitlerism,” Trans. S. Hand. *Critical Inquiry*. Vol. 17, No.1. (Autumn, 1990).

多元性和伦理关系的基础，海德格尔对身体的忽视，则揭示了他与观念论的藕断丝连。

列维纳斯认为，正是享受和食物带给我们一种在日常生活中的超越。因为在享受中，我们遗忘了自身，自我和自身之间的粘连被暂时解开了。在享受中，我们与外物有所距离，却又享受于这种距离逐渐消失的过程。就像面对一个生日蛋糕时，我们既与其有所距离，又享受于这种距离之消失，享受于品尝其奶油，甚至吹灭蜡烛的过程。而在这一享受过程中，我们都是“忘我”的。因此，享受是“一种对客体的吸收，但也是一种与它的距离”（参见本书第 42 页）。如果没有这种距离，享受根本就无从发生。列维纳斯后来在《总体与无限》中暗示，甚至认识和思想也可以首先被视为一种享受，也是一种与客体的距离和对客体的吸收，而不是某种为了通达其他目标的中介。[1] 思想即是对思想的享受，认识就是对那一认识外物之过程的享受。我们甚至可以说，饮食和认识都是两种对于外物的享受方式，只不过前者是身体的享受，后

1　参见伊曼努尔·列维纳斯，《总体与无限：论外在性》，朱刚译，北京：北京大学出版社 2016 年版，第 107-111 页。相关分析也可参见 Rosalyn Diprosep. *Corporeal generosity : on giving with Nietzsche, Merleau-Ponty, and Levinas / Rosalyn Diprose*. New York: State University of New York Press, 2002, p.133.

者是心智的享受。正是在这个意义上，我们才可以理解为何列维纳斯在《时间与他者》中迅速地将享受与认识和光勾连了起来。

> 以享受为形式，世界使得主体能够参与实存，并且因此许可主体一种与自身有所距离的实存方式。主体被吸收进它所吸收的客体中，然而保守着一种相对于该客体的距离。所有享受都是感觉，也就是说[都是]认识和光。倒不是说这是自身的消失，而是说这是对自身的遗忘，而且是作为一种首要的忘我。（参见本书第50页）

换言之，无论是享受还是认识，都是一种既与外物有所距离，但又通过吸收和掌控外物，与外物融为一体，从而让距离消失的实存方式。这种既存在距离，又弥合距离的实存方式，就被列维纳斯称为“光”。光，既让实存者（我们姑且可将其理解为主体）与外物有所距离，因为正是光开示了主体和客体之间的空间，否则在一片黑暗和混沌（il y a）之中，主体并不会“感觉”到客体，更不会感觉到与客体的距离；与此同时，正是这一光和光所开示的空间，连接起主体和客体。

通过光的这种连接方式，主体得以“看见”客体，认识客体，在列维纳斯看来，这就相当于通过认识的方式来“吸收”客体，享受客体。这样一来，光就成为客体向主体显现，主体吸收客体的基本条件。因此，在这个意义上，光比“客体”、外物或他者更为根本，是光赋予了它们以可见性，如果没有光，它们几乎相当于不存在；我们要与外物打交道，首要地就必须借助于光，换言之，借助于感觉和认识。而且，光是普遍的，它普照万物，随物赋形，因此，我们要与外物打交道，首先就要通达这一普遍性的光照。这一普遍性之光，在列维纳斯看来就是理性的普遍性，我们可以将康德主体的先天认识形式就视为其代表，它使得主体能够认识外物，而从根本上说，是认识自己。因为外物是后验的，只是触发这些形式运作的契机，而那一主体却是先天且普遍就如此的。我们通过外物而认识我们本身，这就是观念论的深刻真理所在：“客观性反转为主观性的可能性，正是观念论的主题，而观念论就是一种理性的哲学。光的客观性，就是其主观性本身。”（参见本书第 47 页）

这样一来，其所带来的一个严重问题是，没有真正的外物或“他者”，[1]一切都是被认识，被主观，被光所照亮的，我们需要先通达光，再通达外物，如此便已经使得外物附属于光和认识。由于没有他者，主体也就不能在根本上摆脱其孤独，无论享受还是认识，归根结底，都是主体吸收外物的一种方式。而当一切都可被吸收的时候，也就说明，我们不可能有一个同伴。这个同伴永远不会被我吸纳于我之中。而且之于认识而言，理性普遍性本质上的追求是“一”，所有光本质上都是一道光，因此理性本质上也就是孤独的，“理性从来就不曾发现另一种向其诉说的理性”（参见本书第 46 页），而只能发现其根源处那个唯一的理性。由此一来，依附于理性而实存于世的主体也就是孤独的，它不能走向真正的解放。

主体如何遭遇他者，遭遇一个不可被光，被自身所吸收的外物？这便转向了本书第 3 章的核心问题。

3. 遭遇死亡

这一主体所遭遇的绝对不可被光照亮，不可被认知的他

1　当然，这一指责更多指向的是康德之后的德国观念论，在康德那里还悬设了一个作为“他者”的“自在之物”。

者，就是死亡。什么是死亡？死亡不等于虚无，也不等于永恒，因为没有人见过死亡，所有这些都只不过是对死亡的幻想和预设。死亡唯一的真理只在于：我们对死亡一无所知，这便是死亡的明见性。列维纳斯强调，这种不可知不是未知，未知只是“尚未”知晓，而不可知则是彻底的不可被理解，不能见容于光。而且，我们不只不能知晓死后的世界，我们连死亡是否会来临都不知道，因为没有人亲身经历过自己的死亡，所以也就无法知晓死亡是否会在某个我的“现在”降临在我头上。列维纳斯就此把与死亡的关系称为与神秘的关系。对于他而言，死亡是最不确实的事件，这与海德格尔对死亡的定义争锋相对。在海德格尔那里，死亡恰恰是最确实的事情，是命定的终点，它为生命规定了期限，因此人们才能朝向这个终点而进行筹划——向死而在。列维纳斯明确提到了他对海德格尔死亡观的反对：

> 我们把这种对在受难中的死亡的分析，与海德格尔著名的**向死而在**的分析相对照，就会立刻注意到其特殊之处。向死而在，在海德格尔的本真性实存中，是一种极度的明澈性并且因此是一种极度的男子气概。它是此

> 在对实存最终的可能性之承担，它使得所有其他可能性成为可能，并因此使得把捉一种可能性的事实本身成为可能，也就是说，它使得能动性和自由成为可能。（参见本书第55页）

在海德格尔那里，死亡的确实性使得向死而在得以可能，向死而在就是朝向死亡而筹划自身之存在。筹划显然代表了一种能动性，甚至自由，它使得主体可以把捉各种不同的可能性。然而，一旦这种死亡的确实性消失，主体的能动性也就不复存在了。一种没有终点的筹划是不可能的。如果死亡不是终点，也就没有向死而在，主体因此也就丧失了其主动性。当然，有人会说，某些宗教信徒也不把死亡当作终点，因此他们也不朝向死亡而筹划，而是朝向死后的世界，来世或彼岸而筹划。列维纳斯在这里还没有走得这么远[1]，他更为强调

1　在晚期，列维纳斯指出，死亡在其终结性之外，又是出发，“向着陌生出发，毫不复返的出发……”（艾玛纽埃尔·勒维纳斯，《上帝·死亡和时间》，余中先译，北京：生活·读书·新知三联书店 1997 年版，第 4 页），这一出发并不明确朝向彼岸或来世，彼岸或来世已经是一种确定性，而非绝对的陌生。死亡的朝向我们并不能确定，因此它是永远的陌生、问号和不安，但同时也藏有希望。如果我们不是如海德格尔那样把死亡作为终点，并通过这一终点来设定“向死而生”的时间，而是通过时间来设想死亡，那么死亡也只不过是时间的一个环节，可以被时间所穿过，因此死亡不是终（转下页）

的是在面对死亡时我们的无能为力，这里的死亡指的是“真实”的死亡，而不是死亡在生存中投射的阴影。我们所能接触的死亡无非是死亡的投射，“向死而在”中的死亡也莫不如是。但列维纳斯却指出，在面对“真实”的死亡时，我们“不再能有所能”，也即我们连拥有能力的能力都没有了。这种无能为力，究其实是由死亡的不可抵达所造成的，它可以触及我们，我们却不可以触及它，因此我们对其一筹莫展。死亡永远位于将来，永远在将来而未来之中，永远不可能在一个“现在”被我们所把捉，这是其带给主体的被动性之根源。无论是认识和劳作，都必须依赖于这样一个“现在”，把捉现在就是主体最根本的权能。只有依赖于一个“现在”，主体和客体才能够实现一种“相即”（adéquation），才有可能实现与客体的融合。无论是认识和劳作，都可以被视为一种主客体之间的融合，只不过这种融合是以主体对客体的吸摄为根本的。当一个客体不能在一个“现在”为我所把捉的时候，在列维纳斯看来，它要么就会成为一种无法被筹划

（接上页）结，而是出发。在列维纳斯将视角转向对他人之死的关切之后，死亡就更是毫不复返的出发，因为朝向他人 / 他者的旅程是无尽的。而且，列维纳斯还暗示了他对恩斯特 · 布洛赫的认同，社会性的希望和幸福也可以超越个人的死亡。在这个意义上，未来和希望永远优先于死亡和终结。（参见同上，第 115 页）

的将来，也即一种无法被“置于现在”从而描绘蓝图的将来，要么就会成为一种萦绕不去，但又不能回忆的过去，也即一种不能被“置于现在”的回忆，回忆作为一种对过去的再现，就是要把过去的事物重新置入一个现在。这二者都构成了一种他异性的时间，与他者的关系正位于这种他异性时间之中。对此，我们在文末还会再分析。

在死亡面前，主体是被动的，但是与此同时，死亡也打破了主体的孤独。因为死亡向主体昭示了一个在主体之外的他者，一个绝对无法把握的他者，在此之前，无论是食物还是“作为食物”的认知和劳作之对象，都是一些“微小的他者”，它们最终可以被主体所吸摄。死亡却无法被主体所消化，它刺破了主体的实存，使其再无法保持其实存的同一性和单一性。既然死亡作为绝对他者[1]存在于主体的实存模式之中，这就意味着主体的实存不是孤独的、孤单的，换言之，不是一元的，一元意味着没有他者存在，死亡却有力地宣告了这种幻觉的破产。因此，死亡所昭示的是：实存是多元的，而非一元的。

1　虽然在列维纳斯的哲学中通常只有他人才是绝对他者，但在《时间与他者》中，列维纳斯也将死亡称为“绝对的他者”（参见本书第 71 页）。

4. 时间将去往哪儿？

因此，列维纳斯正是从死亡出发，推出了将来，一种永远将来而未来的时间，再从这一时间推出了一种他异性事件和他者的存在。列维纳斯继而又从这一他者维度出发，推出了其他他异性事件，例如爱欲和生育。死亡是绝对他异的，他异到主体根本无法承担死亡，因为死亡使得主体异化之后，主体也就不再是主体，我也就不再是我，如果没有“我”，也就不可能承担死亡。死亡所在之处，我便不在；我所在之处，死亡便不在。于是列维纳斯接下来的问题便是：如何在死亡面前保存自我？在死亡面前保存自我，在某种程度上也就意味着：战胜死亡。

正是在这一点上，列维纳斯导出了自我与他人的关系，“‘被承担’的他者就是他人”（参见本书第 67 页），作为死亡的他者不能被承担，作为他人的他者，却可以被主体所承担。作为他者的他人和作为他者之死亡的相似之处在于：二者都是不可被主体所把捉的，也就是说，主体在面对他们时，都是被动的。这种被动反过来就昭示了一种他者之于主体的优先性；对于作为他者的他人而言，这种优先性不是说他人比我更优越，更有权势，更富有或更有力，恰恰相反，列维纳斯指出："他人就是，例如，弱者、贫者、'寡妇和孤儿'，然而我却是富有和有力的。"（参见本书第 77 页）因此，这是一种伦理上的优先性，由于他者是弱者，是贫者，因此他者在伦理上优先于我，在伦理层面，强者应当向弱者负责，而不是反之。

作为他者的他人和死亡的不同之处则在于：在对于他人的承担中，主体并未消失，这与面对死亡时是不一样的。死亡给予的将来，还不是时间，因为它不能被承担，也就不属于任何人，不会在真正意义上进入时间，不会变成现在。然而，在与他人的关系中，主体却可以承担作为将来的他人，从而通过现在与将来建立关联，于是使得时间得以生成。列维纳斯之所以也用将来来刻画他人，这是因为在他看来，他人也是不可被把捉的，面对我的把握，我的能动性，我的权能，他人似乎永远在向未来后撤，永远在避开我的把握。主体对与他人关系的承担，并不是通过把握、把捉，而是通过"面对面"完成的。面对面，就是一种"将来在现在中出场"的方式，因为他者所代表的时间就是将来，而在与他人的面对面中，他者却在面对面的那一个"现在"出场了。这种出场并不代表他者就可以在一个"现在"被主体所把握，在面对面的那个“现在”，他者依旧保持着其将来性和神秘性，它不可完全被主体所把捉。“面对面”中的“面容”不同于任何其他客体，例如一个杯子或一张纸，它们都可以为主体所把捉，但在与他人面对面时，在注视其面容时，我们与其说是在把捉这张面容，不如说是在感受这张面容的不可把捉。故此，面容“同时给予并遮蔽他人”（参见本书第67页），眼睛是心灵的窗户，而面容是心灵的幕布，它既展现又遮蔽心灵，透过面容，我们既在理解他人，又在感受其不可理解的神秘。这种神秘是在面容的不断“退隐”中实现的，[1] 而退隐所退向的也正是“将来”。[2]

列维纳斯还将这一与我们面对面的他人角色，特别指派给了女性。对于列维纳斯而言，女性就是那一因其羞涩而永远在后撤，永远在退后，永远不可被主体所把捉的他者。在本书中，列维纳斯以一种男性形象来刻画主体，并将对把捉、掌控和“权能”等“主动性”的追求，定义为一种“男性气

---

1 相关分析可参见马礼荣，《情爱现象学：六个沉思》，黄作译，北京：商务印书馆 2014 年版，第 320 页。

2 在晚期思想中，列维纳斯则暗示，面容作为他性或上帝的踪迹，则又在不断退回到永远不可复返的过去。

质”。然而，女性则不同，“躲藏即是女性实存的方式，而这种躲藏恰恰就是羞涩”（参见本书第 81 页）。列维纳斯之所以会从这个角度来思考女性，乃是因为他想要思考一种“绝对对立的对立”（参见本书第 79 页），这种对立不是同一个统一体之正面和反面的对立，而是彻底的对立。在这种对立中，那一与自我对立的他者永远不可能被自我所吸收（无论以享受还是认识的方式），也不会与自我融合成一个更大的自我，也即形成一个整体。女性就是这样一种他者，她永远在逃出主体的把捉，永远在其羞涩中往后退去，因此她便永远处于“将来”之中。正是由于女性的这一特性，使得“爱欲”——主体与女性的相爱，也不呈现为一种“融合”，而是融合的不可能：“爱之哀婉是在存在者之无法逾越的二元性中构成的。它是与一种永远在避开之物的关系。……情欲之乐（volupté）的哀婉在于存在着二（être deux）。作为他者的他者在这里并不是一个客体，这一客体会变成我们的，或变成我们；相反，它撤回到了它的神秘中。”（参见本书第 80 页）由于他者，也就是这里的女性不是一个客体，不可能被主体所把捉，因此主体与女性的“爱”就并不构成一种融合，而是融合的不可能，这就是爱本身的哀婉之处。这同时也是一种情欲之乐，列维纳斯用这一概念表达了爱欲那种既满足又永不满足的特殊享受模式。从某种程度上来说，爱欲的满足恰恰来自其不能被满足。对于爱欲而言，彻底的满足，也就是彻底的缺乏，因为满足也就代表爱欲已经消失。在本书中，这种不能满足恰恰是由于爱欲对象（女性）的不可把捉所构成的，情欲之乐也由此永远漂流在满足和缺乏之间，像一根羽毛在二者形成的漩涡中打转。对此，柏拉图早就在《会饮篇》中说过，爱乃是贫乏神和丰富神的孩子，因此，爱既是富足，又是贫乏。遗憾的是，列维纳斯指出，柏拉图并没有从这一特殊的爱欲概念出发来思考女性角色（参见本书第 90 页）。

由于对象的不可把捉，由于融合的不可能，爱就此变成了一种盲目的摸索。这种摸索构成了爱抚的本质：

> 构成爱抚之寻找的本质的是，爱抚并不知道它在寻找什么。这种“不知道”，这种根本的无序，是其关键。这就像一个与躲避之物的游戏，一个绝对没有规划和方案的游戏，它与能变成我们的或我们之物无关，而只与某种别的东西相关，这种东西永远他异，永不可通

> 达，一直在到来（à venir）。爱抚就是对这种没有内容的纯粹将来的等待。它由持续增长的饥饿构成，由永远都会更丰厚的允诺构成，朝向一种不可把捉的新视角敞开。（参见本书第84–85页）

在这里，列维纳斯再次强调了爱欲那种既富足又贫乏的特质，它“由永远都会更丰厚的允诺构成”，这使得它既让人饥渴，同时又充盈而富足。爱欲让人因为饥渴而充盈，因为缺乏而富足。这种期待指引着爱抚，然而爱抚不能筹划，没有方案，爱抚只是朝向神秘而摸索，因为这种期待并不给予一个具体的目标，它所给予的只是那种“还有更多”的允诺。如此一来，爱欲也就更明确地指向了将来，永远不可通达，却一直有所期待的将来。将来所意味的恰恰如同爱欲之满足一般，永远在到来，却永远不可抵达。这一将来的维度，与死亡是类似的，死亡对于任何主体而言，也是一个将来而未来的事件。不同之处在于，在死亡及其带来的极致被动性之中，主体似乎都被“压垮”了，从而无法承担死亡，然而在爱欲之中，尽管主体同样是被动的，因为其不能把捉和掌控对象，但它却还依旧是一个主体，还可以承担这种与他者的关系。因此，列维纳斯指出："通过爱欲，主体依旧是主体。爱不是一种可能性，它不源于我们的主动性，它也没有理由，它侵入我们并刺伤我们，但是我（je）却在其中存活。"（参见本书第84页）列维纳斯以此重新阐释了《圣经》中的经文"爱情如死之坚强"（《雅歌》8：6）。（参见本书第63页）

爱欲之外，另一种保存自我的方式，是生育。当然，我们可以说，生育也正基于爱欲，在这个意义上，爱情不只"如死之坚强"，甚至比死更强。[1]如果说爱欲只是让自我在与他者的关系中"存活"的话，那么生育则展现了更为积极的面向。通过生育，自我除了可以在与他者的关系中存活之外，甚至还可以更切实地通达将来。在此之前，我们说过，无论是面对死亡还是女性，主体实质上都不能通达将来。通过生育，通过生下一个儿子，主体实现的是另一种全新的自我保存。通过生育，主体真正意义上出离了自身，而不再是那个"命中注定回归自身（soi）的自我"（参见本书第87页），从而变成了自身的他者。

1 列维纳斯在后来曾明确说过"爱比死更强"，不过此时的爱已经不再限于一种"情欲之爱"而是"伦理之爱"（参见艾玛纽埃尔·勒维纳斯，《上帝·死亡和时间》，余中先译，北京：生活·读书·新知三联书店1997年版，第117-119页）。

儿子就是父亲自身的他者，因此是儿子使得父亲出离了自身。列维纳斯指出，这一他者既不意味着儿子是父亲的作品，也不意味着是其财产。在某种意义上而言，父亲与儿子是“一体”的，当然这里的“一体”显然不能从“同一”、“统一”等角度来理解。[1]这是一种多元论的一体，这种“一体”是通过“是”来连接的：“我不拥有我的孩子，我某种程度上就是我的孩子”（参见本书第88页）。但列维纳斯马上就补充到，这一“是”不能在埃利亚学派或柏拉图学派的意义上来理解。我们或许可以说，这里的“是”承担的不是一种等号的功能，其本身就说明了“是”本来就隐含了一种多元性，通过“是”，自我和他者可以被连接起来，自我可以“是”自身的他者，我可以是他，父亲可以是儿子。然而，他们却不因“是”而融合为一个统一体，父亲和儿子并不因这一“是”而相互占有，而是保持着各自相对于彼此的外部性，却又因为“是”而保持着关联。

就此而言，“是”“这一实存的动词中有一种多样性和超越”（参见本书第88页），如果连接万物的“是”都包

1　我们或许可以大胆地引申：这里的“一体”更接近于“三位一体”中的“一体”，当然，二者不能完全等同。

含一种多元性和超越性的话，那么这就说明我们的世界本身就是多元和超越的。需要说明的是，“父亲是儿子”、“我是我的儿子”不能被理解为“父亲在儿子中的更新”（参见本书第 89 页），这是列维纳斯所明确否定的，但却也是在中国语境中，经常会遭受的误读。我们常说，一个人在有了孩子时就变成了另一个人，把对自身的关切让渡给对孩子的关切，从而走出了自身的束缚，似乎变成了自身的他者，这就是“父亲在儿子中的更新”。然而，这并没有使得主体完全走出自我，只不过使得主体将“自爱”扩展到自己的孩子而已。列维纳斯对此的思考却要深刻和激进得多：所谓“我是我的儿子”不是说我在儿子中的更新，而是说，我的儿子闯入了我的时间，这个时候“我的时间”既是我的时间，又不是我的时间，我的时间延展到儿子那里，儿子有其全新的时间，但这一时间依旧与我相连。这种关联并不仅仅是说儿子是我生命的延续，或者甚至像很多中国父母那样，把自己未能达成的心愿寄托在儿子身上，这个时候，儿子其实只不过是父母“筹划”的一部分。在列维纳斯这里，儿子代表了将来，儿子确实会带给父亲以希望，但这种希望是全新的希望，是无法筹划和预料的希望，是超出于期待之外的希望，而非父亲心愿的延续。一言以蔽之，儿子更新的不是父亲，而是时间。所以，面对孩子，父母所应该做的不是哀叹“时间都去哪儿了”，而是遥望“时间将去往哪儿”。这是不可预期的期待，不可预期或超出预期，正是希望和将来的真意所在。因此，儿子所代表的希望是完全崭新的，完全将来的，就此，也是完全他异的，我们甚至可以说，其中也包含了救赎的种子。也正是在这个意义上，生育带来了一种对于主体既全然他异，又使其可以保存自我，甚至“战胜死亡”的时间。

概而言之，列维纳斯在《时间与他者》中告诉我们，无论是死亡、爱欲，还是生育，都打断了自我的孤单，以及那一孤独和一元的时间，这也就说明实存是多元的。时间不只是我自己的时间，时间随时都有他者的介入，被死亡、爱欲和生育等事件所刺破和分离，而且它们都指向一个完全超越“现在”的将来，也就是，不只是“另一个现在”，而是代表彻底新异之时间的“将来”。因此，“时间构成的不是存在的堕落形式，而是其事件本身”（参见本书第90页）。时间不是永恒的一种“降级”，而就是存在的事件本身，这些事件是他异性的事件，它们使得主体从自我的束缚中解放出来，获得一种“自我相对于自身的解放”，而不会再回归自身。由于他者寓居于将来，而不可在“现在”被把捉，在这个意义上，他者就是缺场的，是在现在缺失的，不可被呈现的，“absence”一词至少同时包含了这三层意思。在这个意义上，“与他人的关系是他者的缺场，这不是单纯的缺场，也不是纯粹虚无的缺场，而是在将来视域中的缺场，这一缺场就是时间”（参见本书第 85-86 页）。

在《时间与他者》的最后，列维纳斯理所当然地又回到了对海德格尔的批判，他指出：“社会性在海德格尔那里是在孤单的主体中被发现的，并且通过有关孤独的诸概念，延续着对在其本真形式中的此在的分析。”（参见本书第 91 页）在列维纳斯看来，海德格尔所阐述的主体与他者的关系模式：“共在（与在）”是一种“肩并肩”，而非“面对面”的模式，在“肩并肩”中，他者并不真正作为他者而向主体显现，这种肩并肩的模式是围绕一个共通甚至共同之物而建立起来的。这一共通之物即“在其本真形式中解蔽的真理”（参见本书第 91 页），既然主体与他者可以共通甚至融合，它们自然也就不在列维纳斯的意义上互为“他者”。而且，既然主体和他者的关系是附属于这一“本真形式”之下的，伦理关系自然也就附属于存在和真理。正因如此，海德格尔所阐述的时间也就与列维纳斯迥然相异。限于篇幅和主题，我们不再对二者的时间观作系统比较，要提请读者诸君注意的是，海德格尔代表著作的题目正是《存在与时间》，而《时间与他者》这一题目不正显明地表明了与海德格尔对抗的意图吗？

5. 局限和影响

《时间与他者》自出版以来，在思想界产生了重要的影响，其最直接的影响当然在现象学领域。简单来说，《时间与他者》凸显了列维纳斯构筑一种反现象学的现象学的努力，而这一努力深刻影响了现象学的版图。说其是现象学是因为他还依旧在使用一些现象学的基本概念和方法，说其反现象学则是因为他又通过“他者”对这些概念，例如意向性和时间性等进行了天翻地覆的改造，使其迥异于现象学在胡塞尔和海德格尔等人那里的面貌。正因如此，列维纳斯才频繁使用“没有被等待之物的等待”、“拒绝它的等待意向性的等待”[1]、“没有实存者的实存”、“没有关系的关系”这样

1 艾玛纽埃尔·勒维纳斯，《上帝·死亡和时间》，余中先译，北京：生活·读书·新知三联书店 1997 年版，第 2 页。

悖谬性的概念，它们都指向一种“没有现象学的现象学”。概括而言，这一路径对于现象学的影响，其一是带动了现象学的“神学转向”，其代表人物为让－吕克·马里翁；其二是带动了现象学的“解构转向”，其代表人物自然是雅克·德里达，当然，解构不仅仅是一种现象学。列维纳斯在现象学中所引入的绝对他者，既引出了一个绝对超越性的“上帝”，也导向了对任何总体性哲学的解构，马里翁和德里达的哲学革新正是分别在这两个维度挺进的。当然，这并不是两条截然分离的路线，实际上，作为德里达的学生，马里翁本身就深受德里达的影响，而德里达也有自己独特的神学之思。

除了现象学之外，本书在其他领域时至今日依旧回响不断，这里仅举两个新近的例子。近年来走红的德国韩裔哲学家韩炳哲在2010年以来出版的两本书《爱欲之死》和《他者的消失》中都多次引用过《时间与他者》。韩炳哲的观点不复杂，不过他将列维纳斯的思想和一种批判理论视角相结合，还是颇具新意的。他认为当代新自由主义的生产模式导致了“他者”和“爱欲”的消逝。因为，任何对象和事件，哪怕是他者和爱，都被以一种“筹划”的方式对待，人们无时无刻不在宣扬和彰显自己的“权能”，要把握甚至主宰他者，要在爱中获得“绩效”和“成果”，然而，按照列维纳斯的观点，他者和爱却恰恰是在主体最无能为力的时候，最不试图去掌控的时候，才得以现身的。[1]否则，他者和爱只不过是自我之掌控欲的产物。另一个例子来自比较文化研究，弗朗索瓦·朱利安（François Jullien）在接受“他异性教席”（la Chaire sur l' altérité ）时所作的演讲中发问道：“为何不能在文化上使两性之间或种类之间，使同性内部或同类内部重新建立他们的间距；因为这是唯一能再次使一方伸向另一方的途径，可以激起双方彼此的渴望，创造吸引力。”[2]朱利安的思想一直受惠于列维纳斯颇多，依照笔者的理解，这段话在某种意义上将列维纳斯阐述的爱欲关系移植到不同的文化之中。不同的文化在“间距”中相爱，在相爱中制造“间距”，从而建立一种互不占有，却又紧密相连的非同一关系。按照列维纳斯的思想，我们甚至还可以进一步推论和期待，两种文化通过爱而“生育”一个孩子，从而让世界拥有一种完全不同的未来。

1 参见韩炳哲，《爱欲之死》，宋娀译，北京：中信出版集团 2019 年版，第 23-34 页。

2 朱利安，《间距与之间》，卓立，林志明译，台北：五南图书出版股份有限公司 2013 年版，第 97 页。

任何伟大的著作都不会缺乏批评和争议，《时间与他者》也莫不如是。这里也仅结合笔者的理解，作简要介绍。该作的最大争议来自性别问题，我们已经提到，在本书中，列维纳斯将女性指派为最具典范性的他人和他者，并以羞怯和躲避等特征去刻画她，这使得《时间与他者》出版后不久就遭到了波伏瓦的批评。有学者指出其作品中的“女性”近乎于一种隐喻，并以此为其辩护，[1]但这种开脱却很难说明：列维纳斯为何将代表将来的“孩子”独独指派给了“儿子”，而非女儿？当然，我们可以说，列维纳斯对于“儿子”的分析中有某种潜在的宗教渊源，无论是父子关系，还是儿子的降生，在《圣经》中一直都是最为重要的主题。不过，对于持女性主义立场的人而言，这个理由显然还不够充分。德里达也曾在献给列维纳斯的《就在这一刻这部作品中我在此》一文中，试图用“女儿”来解构列维纳斯的伦理学。[2]

另外一种批评意见，如《时间与他者》的英译者理查德・A. 科恩（Richard A. Cohen）所认为，尽管列维纳斯在

---

1 Matthew Calarco. *Zoographies: The Question of the Animal from Heidegger to Derrida*, New York: Columbia University Press, 2008, p.65.

2 Cf. Jacques Derrida. “En ce moment même dans cet ouvrage me voice,” *Psyché: Invention de l'autre*. Galilée, 1987.

《时间与他者》中一直致力于批判海德格尔的时间观，但由于他将他异性的时间过度聚焦于将来，这就暴露了他与海德格尔的藕断丝连。[1] 因为，海德格尔对于时间性的分析同样侧重于未来的向度，因此才有朝向未来的“向死而在”。只有到其后期思想中，列维纳斯才逐渐克服了这一“未来”之优先性，他转而更强调的是，时间的他异性位于一个永恒而不可追忆的“过去”，一个永远在过去的过去。这种过去与现在建立了一种永远有所间距的“历－时性”（dia-chronie），这种历时性彻底破除了基于“现在”之权能的共时性和同时性（contemporanéité）。这个分析是有一定道理的，但这并不代表列维纳斯就完全从“未来”转向了“过去”，事实上，在其晚期思想中，列维纳斯同样十分强调将来及希望的重要性。在《时间与他者》的再版前言中，列维纳斯也没有否认将来之时间的他异性。因此，准确地说，正是不可抵达的将来和不可回忆的过去两个维度，共同构成了列维纳斯所致力于阐述的“历时性”。无论是他者所代表的未来还是过去，都与主体所置身的现在处于一种错时（anachronism）之关

---

1 Richard A. Cohen. “Translator’s Introduction,” in *Time and the Other*, Trans. Richard A. Cohen. Pittsburgh: Duquesne University Press, 1987, p.10.

系中。错时所指示的是，主体和他者在时间上的不相即（in-adéquation），主体和他者不能同时发生、正好相合（coïncidence）（参见本书第1页），更具体地说，他者不能在一个“当下”与主体相遇相契。对于主体而言，他者不是来得太迟，就是去得太早，因此，永不可被把握。这一观念无论对哲学、历史学、文学还是对政治学，都蕴含着极大的阐释空间。

最后，我们在上文中已经分析，在《时间与他者》中，列维纳斯的致思路径是从死亡导出绝对他者的存在，再从这一绝对他者导出另外一种他者——“他人”的存在。也就是说，死亡和他人之间的关系所基于的是一种类推。在类推结束后，死亡在本书中的义务似乎也就宣告完成了。然而，在其后期思想中，列维纳斯却尤为强调死亡与他人和伦理之间的关系。更具体地说，如果说在《时间与他者》中，列维纳斯更偏重于分析：“自我之死”这一事件对于自我之实存的异质性的话，那么在其后期著作中，列维纳斯则更强调“他人之死”这一事件对于自我之实存的伦理意义。在后一个面向，列维纳斯提到了死亡作为一个事件，总是在他人身上发生，却由我所经历，我所经历的死亡总是他人的死亡，因为我不可能经历自己的死亡。这本身已经使得死亡具有了一种伦理意义，他人之死会撕裂自我的同一性，使我产生一种幸存者的负罪感和责任感，并将其转移到那些还活着的人，也就是"将死之人"身上。就此而言"他人之死"，而非"自我之死"，才是第一位的死。[1]

所谓的局限或缺点总是见仁见智的问题，判断的义务和权利最终还是在读者手上。本书在翻译中参考了理查德·A. 科恩的英译本，以及王恒与汪沛的两个中文节译本[2]。翻译中，请益于朱刚、邓刚和杨小刚等师友颇多。在此要对以上译者、师友，以及近年来迅速推进列维纳斯研究的专家同行们深表谢忱。鉴于译者的能力所限和本书的翻译难度，译本中肯定有颇多不足之处，敬请方家批评指正。

1 艾玛纽埃尔·勒维纳斯，《上帝·死亡和时间》，余中先译，北京：生活·读书·新知三联书店 1997 年版，第 44 页；也可参见该书第 9 页。

2 王恒翻译了该书的第 3 章，载于《中国现象学与哲学评论》(2016 年 02 期)；汪沛则翻译了该书不含前言之外的全文，载于《清华西方哲学研究》(2018 年夏季卷)。

- 前　言[1] -

为一本出版于三十多年前的再版书作序，就好像是为别人作序一样。只不过你可以更迅速且沉痛地发现和感受其缺陷。

读者即将读到的这一文本，重新整理了 1946—1947 年我在哲学学院（Collège Philosophique）举办的四个讲座的速记稿，这些讲座的总题目是“时间与他者”，哲学学院是由

1　本书根据 1979 年版（Fata Morgana 出版社）翻译而成，本前言也是列维纳斯于 1979 年所写。译者在译文中补充了一些字句（被放入中括号中），以使语句更通顺，或表明还有其他翻译的可能性，方便读者理解。个别一词多义的词汇，或至少可以有两种翻译的词汇则以“/”作为两词的分隔，例如“存在 / 去是（être）”，为了避免重复，通常只在该概念出现的第一次如此标出，但这并不代表该概念在其后只包含一种意思。——译者注

让·瓦尔（Jean Wahl）[1]在拉丁区创办的，其时正是它成立的第一年。这一文本于1948年被收录在《选择、世界和存在》（*Le Choix, le Monde, l'Existence*）这一合集中，这是哲学学院出版的第一本集子，在这本书中，我们很荣幸与让娜·海尔施（Jeanne Hersch）[2]、阿方斯·德·威尔汉斯（Alphonse de Waelhens）[3]和让·瓦尔本人为邻。这个文本的讲述风格（或非–风格）的确在某些表达方式中存在诸多的艰涩和笨拙之处。在这些论文中，同样有一些文本或者没有被明确论证，或者没有被从头到尾一以贯之地表述，或者没有被系统性地展开。[这可以被视为]一个预备性的注释，它标明了自从

1　让·瓦尔（1888—1974），法国存在主义哲学家、诗人，他对存在主义在世界范围内，尤其是美国的传播具有重要影响，也是最早向法国思想界引介黑格尔思想的当代学者之一（甚至早于科耶夫），他同时也研究克尔凯郭尔、柏格森和威廉·詹姆斯等人。在1942—1945年流亡美国期间，他促进了存在主义在美国的接受，作为一位诗人，他当时与美国著名诗人华莱士·斯蒂文斯等人也有密切交往。“二战”后，他在巴黎创建了“哲学学院”，同时他也是当时重要的学术刊物的负责人，作为一名出色的学术组织者，瓦尔对法国战后思想的发展功不可没。列维纳斯与瓦尔关系十分密切，对其也十分钦佩和感恩，《总体与无限》便是献给让·瓦尔夫妇的。——译者注

2　让娜·海尔施（1910—2000），瑞士女哲学家，曾跟随雅斯贝斯学习，并将其著作翻译成法文，主要代表作有《哲学的幻觉》（*L'illusion philosophique*，1936）、《存在与形式》（*L'être et la forme*，1946）等。——译者注

3　阿方斯·德·威尔汉斯（1911—1981），比利时鲁汶大学哲学教授，从事现象学、存在主义和精神分析哲学的研究，以对海德格尔与梅洛–庞蒂的研究而闻名，他也是列维纳斯的好友。——译者注

1948 年以来，因为文本的老化可能会遭至指责的缺陷。

然而，我们依旧支持将其重新再版，并且是以书籍的形式，我们还放弃了对其进行修改完善，这是因为我们依旧信守于这本书的主要计划——在思想的多元运动中——信守于其诞生和最初的阐述，这同时也是因为，其论证在匆忙推进的书页中逐渐变得坚实。时间是有限性存在的局限性本身，还是有限性存在与上帝的关系？它是这样一种关系，它不会给存在者安置一种与有限相对的无限，一种与需要相对的自足，而是将指示一种超越于满足和不满足之上的社会性的盈余（le surplus）。在我们看来，这种检视时间的方式，在今天依旧是一个有生命力的问题。《时间与他者》将时间呈现为一种“存在之超逾”（l'au-delà de l'être）[1] 的模式，一

---

1 列维纳斯在此处显然是在指涉他出版于 1974 年的代表作 *Autrement qu'être ou au-delà de l'essence*。“au-delà de” 在列维纳斯哲学中是一个关键性的概念，其在法语中通常被用作介词和副词，有 “在……上方（越过、遍及、超过、胜过）；横过（跨越、在……的对面）” 之意。译者曾将其翻译为 “越出”，伍晓明和朱刚先生分别将其翻译为 “超过……之处” 和 “在……之外”（伍晓明）与 “超逾”（朱刚），也有学者将其翻译为 “外在于” 或 “外于” 等。“在……之外” 更切近法文原意及作为介词和副词的用法，但是这又难以表达出其在列维纳斯那里所隐含的运动之意，所以，我个人更认同将其翻译为“越出”或“超逾”。不将其翻译为 “超越”，则是为了不与 “transcendence” 一词混淆。“越出” 更具口语化，近似于其在法语中的使用，“超逾” 则更具书面化。鉴于其在列维纳斯的著作中，逐渐被转化为一个专门术语，因此，我遵照朱刚教授的翻译，将其译为 “超逾”，以使读者在阅读中能一目了然地识别出列维纳斯的使用。但限于原文句子结构，也有个别地方被翻译为 “之外”。——译者注

种“思想”他者（Autre）的关系，而非一种存在者之存在（L’être de l’étant）的存在论视域（horizon）。并且，［这本书］穿过了与另一个（autre）人的面容相面对的社会性之多元形象：爱欲（érotisme），父性（paternité），为邻人的责任——作为一种与全然他者（Tout Autre）的关系，一种与超越的（Transcendant）关系，一种与无限的关系。这是一种并不像认知（savoir）[1]（也即意向性）一样被结构的关系或宗教。认知暗藏再－现（re-présentation），并且使他者复归为在场或共同在场（co-présence）。与此相反，时间，在其历－时性（dia-chronie ）中，将指示一种并不损害他者之他异性（altérité）的关系，并且确保着它对于“思想”之非－漠然 / 非－无差别（non-indifférence）[2]。

作为一种有限性存在的模式，时间的确应该指示一种“存在者的存在”的弥散，它弥散进互相排斥的诸时刻，

1 “savoir” 在法语中也可以表示名词的“知识”，如果我们可以在动词和名词双重意义上理解“知识”一词的话，“知识”将是对该词的一个恰切翻译。不过，考虑到中文的理解习惯和本文的语境，我们还是主要把该词翻译为“认知”，在个别地方翻译为“知识”。而“connaissance”则被翻译为“认识”。——译者注

2 列维纳斯的常用术语，包含了存在论的“非－无差别”和伦理学的“非－漠然”双重蕴意。王恒和王士盛在《论来到观念的上帝》中将其翻译为“虽异不疏”（参见列维纳斯，《论来到观念的上帝》，王恒、王士盛译，北京：商务印书馆，2019 年）。——译者注

除此之外，这些时刻作为对其自身也不稳固和不忠实的瞬间，每一刻都脱离它们自身的在场而被驱入过去，然而它们却提供了关于这一在场的闪现的理念，它们因此将暗示的是这一在场之无意义和有意义、死和生。然而，就此，永恒就没有从被体验到的绵延(la durée vécue)中借到任何东西，智性(l' intellect）会声称拥有一个先验的理念，存在模式的理念，在其中，复多（le multiple）是一，其将授予现在以最充分的意义——［然而］永恒不是一直在怀疑瞬间那只不过是掩盖的闪现(其半－真理性)吗？——它［永恒］滞留在一种想象中，这种想象能够在无时间性中玩耍，并且能够自我迷幻于对不可集聚之物的集聚之中。归根到底，这一永恒和这一智性的上帝，不就将是由这些在时间的弥散中的抽象和无常的诸半－瞬间（demi-instants）组成的吗？不就将是一种抽象的永恒和死去的上帝吗？

相反，我们在《时间与他者》中遇见的主要论题，却不把时间思想为一种永恒之降级，而是思想为一种与那（ce）的关系，它自身是不可被同化的，是绝对他者的，不会让自身被经验所同化；或者是与那的关系，它自身是无限的，不会让自身被领会。尽管如此，这一无限或这一他者，依旧必须容忍我们用来指示其的指示词“那”，就如同［其是］一个简单的客体，或我们通过一个定冠词或不定冠词以使其具有肉身而勾住的东西。这是一种与不可见者的关系，在其中的不可见性并不来自人类认识能力的无能，而是来自这种认识能力的不适恰——来自它与绝对他者之无限的不相即（in-adéquation），来自一个诸如同时发生（coïncidence）[1]的事件在它那里的荒谬性。这种同时发生的不可能性，不相即性，不只是单纯的否定性概念，它还有一种含义：在时间的历－时性中被给予的非－同时现象。时间指示了非－同时发生的这种“一直”（toujours），但是也指示了关系的一直——期望和等待的一直：一种比理想之线更细的线，一种历时性没有切断的线。历时性在一种关系的悖谬中，保存了这条线，这种关系不同于我们逻辑学和心理学中的所有其他关系，这些关系以一种最终的共同（communauté）的方式，至少将共时性（synchronie）授予到了它们的期限中。［但］这里［说的是］一种没有期限的关系，没有被等待之物的等待，无法被满足的希望。在这里，距离同时也是临近（proximité）——

1　该词也包含“巧合”和“相符”之意，正好与列维纳斯所说的“不相即性”是相对的。——译者注它不是一种同时发生或者一种有所缺失的联合，而是就像我们已经说过的，它指示了在原初社会性中所有的盈余或所有的善。历时性多于共时性，临近比被给予的事实更加珍贵，对无与伦比之物的拥戴比对自身的意识更好，这不就是宗教的难度和高度？所有对于这一“距离－临近”的描述只能被大概地或隐喻地领会，因为在时间之中的历时性只是一种非具象的意义、特有的意义、一种模型。[1]

时间的“运动”被理解为一种朝向“全然他者”之无限的超越（transcendance），其并不以一种线性的方式而时间化（temporalise），并不类似于意向射线（le rayon intentionnel）的那种率直性。死亡的神秘标记了它的指示方式，它通过进入与他人关系的伦理冒险而迂回行进。[2]

1　并非所有在描述这种“与无限之关系”时涉入的否定，都归属于形式和逻辑意义上的否定，其并不构成一种否定神学！人们说所有逻辑的语言——我们的语言，通过言说（le dire）和祛说（le dédire）——能够表达那种将其自身展现于等待的耐心中的历时性，其正是时间的长度本身，它不会被还原为预期（预期将已经是一种“给出现在”的方式），也不会暗藏一种对被等待之物或欲望之物的再现（这种再现将是一种纯粹的“现在化”[présentification]）。被等待之物和被欲望之物已经是期限，等待和期望就此将是一种终结，而并非与无限的关联。

2　参见我的《别样于存在或超逾本质化》（*Autrement qu'être ou au-delà de l'essence*，1974）一书，以及我更具体的研究《上帝与哲学》，发表于《新交往》（*Le Nouveau Commerce*）1975 年第 30/31 期。

时间的超越在我们 1948 年的论文中，至多被描述为一些还停留在预备阶段的概观。它被一种类推（这是在历时性所指示的超越与他人之他异性的距离之间的类推）以及对于连接的坚持所引导——这一连接不可被比作那种连接起所有关系中的诸项的东西——它穿过了这一超越中的间隔。

我们不想修改这本书中遵循这些观念之表达的论述路线。对我们来说，这本书就像是对圣·热内维埃芙山（Montagne Sainte Genevieve）[1] 在解放后不久所带来的某些开放氛围的见证。让·瓦尔的哲学学院反映了这一氛围，也是其策源地之一。弗拉基米尔·扬科列维奇（Vladimir Jankélévitch）[2] 高傲和富有启发性的演讲中那无法效仿的洪亮声调，说出了柏格森式的启迪（message）中那前所未闻（l'inouï）之物，他阐

1 圣·热内维埃芙山位于巴黎第五区，可以俯瞰塞纳河左岸，先贤祠、圣·热内维埃芙图书馆（索邦大学学生所用）、巴黎高师均坐落于该山，因此，列维纳斯在此处所指的是其地的文化和智识氛围。——译者注

2 弗拉基米尔·扬科列维奇（1903—1986），法国俄裔犹太哲学家、音乐家，曾在巴黎高师师从柏格森学习，“二战”中曾参加法国抵抗运动，战后在索邦大学（1971 年后的巴黎一大）获得道德哲学教席，教学直到 1978 年。他以其对时间和厌倦等主题精深的心理学和道德研究而著称。列维纳斯曾有专文论扬科列维奇，参见 Emmanuel Levinas, “Vladimir Jankélévitch”, in *Outside the Subject*, trans. Michael B. Smith, London, The Athlone Press, 1993. pp.84-89。——译者注

述难以言说之物，他使得哲学学院的大厅挤满了人。让·瓦尔为“鲜活的哲学”之多样化趋势而欢呼，并强调在哲学和多元化的艺术形式之间优先的亲缘关系。他喜欢追随一个又一个的变革。他的总体态度似乎是邀请人们进入无畏的“智性实验”和冒险的探究。胡塞尔的现象学，以及归功于萨特和梅洛－庞蒂的存在主义哲学，甚至海德格尔基础存在论的最初声明，都允诺了诸种新的哲学可能性。那些指示人们一直关切的问题，那些人们却还不敢将其放入一种思辨的话语中进行设想的词语，跻身诸范畴的序列。没有拐弯抹角——并且常常不够谨慎——虽然秉持一些之于学术规则的自由，却也不俯首于流行标语的专断，人们告诉他们自己——并且建议别人——“挖掘”、“深化”或“探索”那些观点，就像加布里埃尔·马塞尔（Gabriel Marcel）[1]常常在他的《形而上学杂志》中指示人们去做的那样。

在那些年的这种开放精神之下，阅读《时间与他者》

1　加布里埃尔·马塞尔（1889—1973），法国哲学家、剧作家和音乐评论家，基督教存在主义的代表人物。马塞尔时常被认为是法国的第一个存在主义者，不过他本人更希望将自己与萨特等存在主义者区分开来。列维纳斯曾经在 1930 年代参与过马塞尔组织的影响颇大的哲学讨论会。——译者注中的这些多元化主题是适宜的，我们的核心论点穿过这些主题而缓慢推进——并伴随着一些迂回。这里说到了主体性就是：自我（Moi）对于存在之匿名的“有”（il y a）的掌控，立即就被自身（Soi）对于自我的掌控所翻转，自我被自身-本身（Soi-même）所阻塞，以及如此一来的唯物论式的物质性和内在的孤独，在劳作、痛苦和受难之中的存在的不可避免之重。然后，这里说到了世界就是：食物（nourritures）和认识（connaissance）的超越，位于享受（jouissance）的核心之处的经验，认知和向自身的返回，在吸收所有他者的认知之光中的孤独，本质上为一（une）的理性之孤独。再之后，这里说到了死亡不是纯粹的虚无，而是不可承担 / 设定（inassumable）的神秘，在这个意义上，也就是一种事件的事件性（éventualité），在忽然闯入内在之同一（Même）这一点上的事件性，打断孤立的诸瞬间之单调和滴答声的事件性——全然他者的事件性，将来的事件性，时间的时间性（temporalité）——在其中，历时性可以精确描绘那种与停留在绝对外部者的联系。最后，这里还说到了与他人、女人和孩子的联系，说到了自我的生育，历时性的具体模式，时间的超越之衔接（articulations）或不可避免的脱节：既不是一种迷狂（extase），在其中，同一被吸收进他者（L'Autre）之中；也不是一种认知，在其中，他者（L'Autre）归属于同一——而是没有关系的关系，一种无法满足的欲望，或者无限的临近。这些论题后来都没有以它们最初的形式而被接续，［因为］自那时起，这些论题可能就显示出它们与某些更复杂和更久远的问题不可分离，显示出它们还苛求一种减少即兴发挥的表达，以及尤其是一种不一样的思考。

最后，我们还想在这些久远的讲座稿的最后几页，强调对我们很重要的两点。它们关注的是他异性以及它的超越的现象学在其中所尝试的方法。

人类的他异性并不被思想为开始于纯粹形式和逻辑的他异性，通过后者，在全部多样性中的诸项（terms）都不同于彼此（在其中，每一项都已经是他者——作为不同属性之携带者的他者，或者在一种由彼此平等的诸项所组成的多样性中，每一项通过它的个体化，都成为他者的他者）。超越的他异性这一概念——其开启了时间——首先是从一种他异性－内容（altérité-contenu）出发、从女性气质 / 女性性出发而得到探究的。女性气质——而且必须看出在哪种意义上，其能够被指向阳刚之气或男性气概，即指向普泛的性别差异——向我们显现为一种与其他差异形成强烈对比的差异，不只是作为一种与其他差异不同的质性（qualité），更是作为这一不同的质性本身。这一观念将使得“一对”（le couple）这一概念与所有纯粹数字意义上的二元性都尽可能的不同，“二”这一社会性概念可能对面容特例的圣显（épiphanie）是必要的，［面容］那种抽象而贞洁的裸露性从性别差异中显露出来，但［“二”这一社会性概念］对爱欲（érotisme）却是本质性的，而且他异性在其中——依旧作为一种质性而不是一种简单的逻辑区别——被面容之沉默本身所说出的“汝不可杀人”所承担。在爱欲和力比多之中有一种意义重大的伦理光芒，通过它们，人性进入“二”的社会之中，而且其维系着这一社会，授权于这一社会，或许，至少质疑着当代泛性欲论的简单片面。

最后，我想强调在《时间与他者》中的超越结构，是从父性开始而被瞥见的：儿子所给出的可能，以及置于父亲所承担之物之外（au-delà）的可能，在某种意义上，尤其是在亲缘关系的意义上，依旧保留为他的 / 父亲的。父亲的——或非 – 漠然的 / 非 – 无差别的——另一种承担的可能性则是：一种通过儿子超逾可能的可能性！这一非 – 漠然并不来自主导亲缘关系的社会规则，却很可能创立了这些规则。通过这一非–漠然，“超逾可能”对自我而言才是可能的。这就是那一从非生物学的自我之生育概念开始的东西，它质疑如同在超越的主体性，意向性行为的中心和来源中具身化（incarnée）的权能（pouvoir）这一理念本身。

时间与他者

Le temps et l'autre

I.

目标和纲要

这个系列讲座的目标在于展示，时间并不是一个孤立和单一的主体的所作所为，而是主体和他人的关系本身。

这些论题绝不是社会学的。它跟指出时间如何基于我们从社会中得出的概念而被切割和分配无关，跟社会如何允许我们作出一种对时间的表象无关。它跟我们关于时间的观念无关，而跟时间本身有关。

为了支撑这一论题，一方面，我们应该深化孤独的概念；另一方面，我们应该思考时间提供给孤独的诸种机遇。

我即将展开的分析不是在人类学意义，而是在存在论意义上的。我们的确相信存在论问题和结构的存在。不过，这种相信却不是在实在论者——单纯地描述被给予的存在——将其归于存在论的意义上。这里涉及的问题是承认存在不是一个空概念，而是拥有它自身的辩证法；这里还涉及这类问题：比如，孤独和集体等概念归属于这一辩证法的某些时刻，它们不只是心理学概念；比如，人们能够拥有的对他人的需要，或在这种需要中隐含的一种对他者的预知、预感和期待。

我想把孤独呈现为一种存在的范畴，展示其在存在之辩证法中的位置，更准确地说——因为“辩证法”这一词拥有一个更确定的意思——展示孤独在存在的普泛家政学（économie）[1]中的位置。

因此，从一开始，我们就放弃了海德格尔式的观念，这种观念认为孤独先在于与他者的关系。虽然在人类学意义上，这一观念是不容质疑的，但在存在论意义上，这一观念对我们来说却是晦暗不明的。与他者的关系确实被海德格尔作为一种此在的存在论结构而提出，但实际上它在存在的戏剧和生存论（existentiale）分析中并不发挥什么作用。所有《存在与时间》中的分析要么服务于［论述］日常生活中的非个人性，要么服务于［论述］被抛弃的 / 孤零零的（esseulé）此在。此外，孤独的悲剧性，是不是从虚无或被死亡所突出的他人的缺乏中获得的呢？这里至少有一种两可。我们在这里发现了一种召唤，它召唤我们超越被社会性定义的孤独，以及被孤独定义的社会性。最终，他者在海德格尔那里显现

---

1 “économie”（经济学）在其希腊语起源中原指“家政管理”或“家政学”，列维纳斯常用这个概念来指涉存在论的运作方式，所谓的“普泛家政学”（économie générale）则是为了强调其“普遍性”。——译者注

于共在 / 与在（Miteinandersein）[1]的本质性境况之中——彼此之间的交互存在之中……其中的前置词共 / 与（mit[avec]）在这里用来描述关系。因此它是一种肩并肩的关联，它们围绕着某物，或者围绕着某一共通项，更准确地说，在海德格尔那里，是围绕着真理而关联在一起的。它不是一种面对面的关系。在［共在］中，每一个个体都提供出自己的所有，除了它的实存这一私人事实。我们希望从我们的角度显示，不应该用前置词共 / 与（mit）来描述与他者的原初关系。

我们推进的方式，将会把我们引向一种也许相当陡峭的论述。这一论述并不拥有人类学论述那种引人注目的感染力。不过，作为弥补，我们会在孤独之不愉快的感受，以及其与集体的对立之外，再就孤独说点儿别的什么。人们经常在与孤独的对立中，说起那种集体的愉快。

在这种对孤独的存在论根基的回溯中，我希望瞥见这种孤独以何种方式被超离。让我先说明这种超离不是什么。它不会是一种认识，因为通过认识，无论是不是出于人们的意愿，客体都会被主体所吸收，二元性则会在其中消失。它也

1　中文对该词的翻译一般为“共在”，但此处列维纳斯对其前置词“mit”的翻译却更有一种“与”(avec)之意。——译者注

不是一种迷狂(extase),因为在迷狂中,主体会为客体所吸收,并且使自身在其统一性（unité）中复原。所有这些关系，都将以他者的消失作为结束。

于是，我们将碰到受难（souffrance）和死亡的问题。这并非因为这些主题的严肃性，能够允许我们进行一种引人注目和时髦的论述，而是因为在死亡的现象中，孤独就位于神秘的边界。将神秘消极地理解为未知之物是不恰当的，我们将确立它的积极意义。这个概念将促使我们在主体中瞥见一种关系，这种关系不会被还原为一种单纯的对孤独的回归。在将是神秘的，而不必然是虚无的死亡面前，一项对另一项的吸收并未发生。最后，我们将要展示，在死亡中昭告的二元性如何变成了一种和他者与时间的联系。

这种论述中可能包含的辩证法完全不是黑格尔意义上的辩证法。它所论及的不是对一系列矛盾的穿越，也不是在历史终结时的和解。相反，它朝向的是不会被融合成统一性的多元，我们将从这里启程。如果我们敢于这么说的话，那便是踏上了与巴门尼德决裂的道路。

实存[1]的孤独

什么构成了孤独的特质？说我们从来都不是单独实存于世，这是一种陈词滥调。我们被诸存在者和事物所围绕，我们和它们一起维系着各种关系。通过观看、触摸、同情和合作，我们与他者在一起。所有这些关系都是可传递的（transitive）：我触摸一个客体，我看见他者。但我不是他者。我是完全孤单的（seul）。这就是在自我之中存在（l' être en moi），我实存的事实，我的实存（exister）构成了绝对不可传递的元素，这是一些没有意向性，也没有关联的东西。存在者之间可以交换任何东西，唯独不可交换实存。在这个意义上，存在 / 去是（être）就是通过实存而被孤立。我存在 / 是，故我是单子［我是我所是的单子］。通过实存，而不是通过什么在我之中而不可［与外界］交流的内容，我没有窗户也没有门。不可交流是因为这根植于我的存在，那里有我之中最私人的东西。据此，我的所有认识或自我表达方式的延展，对我和

---

1 在《从实存到实存者》一书中，对于“实存”一词，列维纳斯使用的是“l' existence”，而在本书中则主要采用“l' exister”。——译者注

实存的关系都没有影响，这是一种无可比拟的内在关系。

原始思维——或者至少是列维－布留尔[1]解释的原始思维——似乎动摇了我们这些观念的基座，因为它似乎提出了一种可传递的实存的理念。人们从中会得出一种印象，通过互渗（participation）[2]，主体不只看到他者，并且它就是他者。对原始思维来说，这个概念比前逻辑或神秘主义的概念更加重要。但是，互渗也不能使我们逃脱孤独。至少，一种现代的意识，不会以如此少的代价就放弃它的私密和孤独。“互渗”某种意义上在今天依旧存在，它类同于一种迷狂的交融。对维持诸项的二元性，它还不够。如果我们离开单子论，我们就会抵达一元论。

实存抗拒任何关联和多元性。除了实存者（existant），它什么也不关心。孤独于是既不显现为一种鲁宾逊式的真实

---

1 路先·列维－布留尔（Lucien Lévy-Bruhl，1857—1939），法国社会学家、哲学家、民族学家，法国社会学年鉴派的重要成员。列维－布留尔早期研究西方哲学史，写出了一批论述法国和德国哲学的著作。其中《孔德的哲学》（1900）较有影响。他之后重点研究原始思维（primitive mentality）。他认为，原始思维具有自己特殊的规律，使用一种不同于文明人的逻辑方式，即所谓“前逻辑”，受“互渗律”的支配，个人与外界通过神秘的方式相互渗透，并以此认识和把握外界。——译者注

2 互渗律是列维－布留尔的一个重要概念，指的是那些对主体和客体、物质和精神尚未有清晰区分的原始人，可能会产生的一种与外界交融、主客不分的神秘体验。——译者注

的隔离，也不显现为一种意识内容的不可交流性，而是呈现为一种在实存者和它的实存的运作之间不可分解的统一性。要在实存者中靠近实存，就要将它关闭在统一性中，就要让巴门尼德从他那些欲弑父的后代手中逃脱。孤独就位于有诸实存者这一事实本身之中。要设想一种孤独在其中能够被超离的情形，就要检验在实存者和它的实存之间连接的原则。这需要朝向一种存在论事件迈进，在其中，实存者结合（contracter）了实存（l' existence）。这种实存者结合其实存的事件，就被我称为实显（hypostase）[1]。知觉和科学一直开始于那些已经具备其私人实存的实存者。这种在实存之物和其实存之间的关联是不可分离的吗？我们能够追溯实显吗？

1　该词亦有"位格"之义，基督教"三位一体"中的"位"指的就是位格。但这一术语并非基督教的发明，它在古希腊就已存在，基督教神学对"三位一体"的阐释，以及希腊语与拉丁语之间的对接使其含义变得异常驳杂。关于这一概念的详细考辨，请参见《基督教神学思想导论》第四章"三位一体"（许志伟，《基督教神学思想导论》，北京：中国社会科学出版社，2001 年）。在哲学史上，它有个体、实体、实质、本质、基础等多重含义，粗泛地说，它是一个个体的本质。在基督教教义中，每个人有且仅有一个位格，故人的位格又被称为人格，而上帝却具有一个本体、三个位格，故被称为三位一体。列维纳斯在《从实存到实存者》中选用了"位格"一词要强调的是实存者作为独立个体的诞生或者实体的显现这层意思，为了与目前较为通用的译名保持统一，译者将其翻译为"实显"。"实显"是一个动态的过程，因此也可将其理解为"位格化"。——译者注

没有实存者的实存

我们再一次回到了海德格尔。我们无法忽视他的区分——我在之前已经使用了这种区分——这种在存在（Sein/être）和存在者（Seindes/étant）之间的区分，不过出于音调和谐上的考虑，我更乐于将它们翻译为实存（exister）和实存者（existant），倒不是要为这些术语寻求一种特殊的存在主义意味。海德格尔将诸主体和诸客体——它们的诸存在（êtres），也就是诸实存者——与它们的存在之运作本身区分开来。前者被翻译为名词或名词性分词，后者则被翻译为动词。《存在与时间》在一开始就作出了这种区分，这有助于我们驱散哲学史上某些模棱两可的迷雾，在其中，人们从实存开始，抵达拥有着整个实存的实存者——上帝。

这种海德格尔式的区分，对我而言，是《存在与时间》中最深刻的东西。然而，在海德格尔那里，这只是一种区分，而不是一种分离。实存一直都在实存者中被把捉，对于作为人的实存者，海德格尔用“向来我属性”（Jemeinigkeit）来指示实存总是被某人所拥有这一事实。我不相信海德格尔能够承认一种没有实存者的实存，这对他而言是荒谬的。然而，这里还有一个概念：*被抛性*（Geworfenheit）——根据扬科列维奇的说法，这是“一种海德格尔的特定表达”——时常被翻译为“被遗弃”（déréliction）或“被放弃”（délaissement）。人们因此强调了*被抛性*的结果。应该把*被抛性*翻译为“被－扔－在”……实存之中。就好像实存者只能在一个先于它的实存中显现，就好像实存对于实存者是独立的，而发现它自己被抛向实存的实存者永远也变成不了实存的掌控者。正因此，这里有一种被放弃或被离弃。这样一来，一种实存的理念就开始显山露水，这是一种没有我们，没有主体的实存，这是没有实存者的实存。毫无疑问，让·瓦尔先生会说“没有实存者的实存”仅仅是一个词语而已。“词语”这个术语令人有点不大舒服，因为它具有一种轻蔑的意味。不过，我总的来说是同意让·瓦尔先生的。人们需要的只是预先确定词语在存在的普泛家政学中的位置。我也乐于说，实存并不实存。实存的是实存者。以及向某种不实存之物回归，以理解某种实存之物，根本不能带来一种哲学上的革命。因为，观念论哲学在很大程度上，已经把存在建基于某些不是存在的东西上。

我们如何接近这种没有实存者的实存？让我们想象一下，所有事物，所有存在者和所有人，都回归虚无。我们就将遇见纯粹的虚无？在这种对所有事物的想象性毁灭之后所留下的不是某物，而只是有（il y a）[1]这一事实。这种所有事物的不在场回归为一种在场：就像一个所有东西都沉没了的地方，就像一种空气的稠密，就像一种空无的满盈或沉默的窸窣。在所有物和存在者毁灭之后，只有一种无人称的实存之“力场”（le «champ de forces»）。这是一种既不是主体，也不是实体的东西。当什么都不再有的时候，实存的事实自身规定自身。它是匿名的：没有任何人或任何物承担着实存。这种无人称性就像“下雨了”或者“天气热”。[2]无论人们用否定如何排除它，实存都会回归。这里就像有一种纯粹实存的不可避免性。

---

1 法语“il y a”的意思是“有”，其意思和用法接近于英语中的“there is/are”。不过，英语中的“is”和“are”已经是“be”的变体，这容易与某种“存在”的意涵相混淆，但“有”其实是“前存在”的。“il y a”则不含有这种歧义。其中，“il”是无人称动词短语的主语，其直接意思是代词“它”；“y”是方位代词，意为“那儿”；“a”则是动词“avoir”（有）的第三人称直陈式现在时动词变位，因此对这个词组完整的翻译应该是“那儿有”或“有……在那儿”。——译者注

2 法语“il pleut”（下雨了）或者“il fait chaud”（天气热）中的“il”也是无人称动词或无人称动词短语的主语，它也可被视为无人称指示代词。——译者注

在唤起这种实存的匿名性的过程中，我所想的绝对不是哲学课本上所说的“不确定性基础”，在其中知觉显现出诸事物。这种“不确定性基础”已经是一种存在（un être）——一种存在者（un étant）——一种某物。它已经回到实体的范畴（catégorie）之中。它已经具有了这种刻画所有实存者的基本特征。我所要接近的实存是存在的运作本身，它不能被实词表达，而只能被动词表达。这种实存不能被简单而纯粹的肯定，因为人们一直在肯定的都是*存在者*（étant）。但是它自我规定，因为人们不能否定它。在所有否定之后，这种存在的氛围，这种作为“力场”的存在又重新出现，作为一种［包含］所有肯定和所有否定的场而重新出现。它从来不会附着于一个“*是……的客体*”（object qui est）上，因此我们称它为匿名的。

我们还可以从另一个角度迂回而接近这一状况。也就是从失眠的角度来接近。这一次，我们讨论的不再是某种想象的经验。失眠由永不完结的意识所构成，这也就是说，在其中没有任何办法让我们从我们保持的警醒中抽身而出。警醒没有终点。只要人们被铆钉在这一时刻，就丧失了起始点和结束点的概念。与过去焊接的现在，是这一过去绝对的遗产，它什么也不能更新。一直在延续的是同样的现在和同样的过去。对这种过去来说，一段记忆——都将已经是一种解放。在这里，时间无处开始，无物可被移开或被淡化。唯有外部的噪音能够标记失眠，在这一没有起始或终结的状况中引进起始，在这种无止无休中，人们无可逃遁，所有这些都与“il y a”，以及我们刚刚说过的无人称的实存极为相似。

通过一种不可能回归到睡眠的警醒，我们能够更准确地刻画“il y a”，以及实存在它自身的湮灭中被肯定的方式。这种警醒不会躲进无意识的庇护中，也不可能像进入一个私人领地那样撤回睡眠之中。这种实存不是一种*在自身之中*（en-soi），这种在自身之中已经是一种安宁，它恰恰是所有自身的缺场，一种*无自身*（sans-soi）。人们可以通过永恒这一概念来刻画实存，既然无实存者的实存没有一个出发点。永恒的主体这一说法则是一种*语词矛盾*（contradictio in adjecto），既然主体已经是一种起始。永恒的主体不仅不能从任何外在于其自身之物开始，而且也不能在自身中开始，因为作为主体，它必然已经是一种起始，并且排斥了永恒。永恒是无法被满足的，因为它没有一个承担它的主体。

在海德格尔那里，人们也可以发现这种由虚无到实存的转化。海德格尔的虚无已经包含一种能动性 / 活动（activité）和存在：虚无虚无着（le néant néantit）。它不会保持平静。它在这种虚无的生产中自我肯定。

如果我们需要用古典哲学中的伟大主题来比照“il y a”的话，我会想到赫拉克利特。这指的并不是人不能两次踏进同一条河流的迷思，而是克拉底鲁（Cratyle）的版本，在那里，人甚至一次都不能踏进这条河流。在这条河流中，统一性的稳定性，所有实存者的形式，都不能被构建；在这条河流中，稳定性的最终要素消失了——在与这一要素的关联中，生成才会被理解。

被我称为“il y a”的没有实存者的实存，将是“实显”被产生的地方。

不过，我还想先再花一些篇幅来强调“il y a”这一观念带来的结果。它构成了对“没有虚无的存在”这一概念的推进，它既不会留有出口，也不允许逃脱。而且这种虚无的不可能性剥夺了自杀的掌控功能，而自杀是人们对于存在所能拥有的最后的掌控。人们不能再掌控任何事，也就是说，人们处在荒诞之中。自杀显得好像是面对荒诞时的最后一种解救手段。[1]宽泛意义上的自杀也可以被理解为麦克白绝望而清醒的抵抗，甚至在他认识到战斗已经毫无意义的时候，他也要去战斗。这种掌控，这种通过自杀的可能性来为实存找到一种意义的可能性，是一种悲剧的常规。《罗密欧与朱丽叶》第三幕中，朱丽叶的哭诉："我保有着死亡的权能"，仍旧是一种对于命运的战胜。我们可以说悲剧在一般意义上不能简单地等同于命运对于自由的战胜，因为通过在所谓命运之胜利那一刻被承担的死亡，个体也逃脱了命运。但也正是因为这个缘故，哈姆雷特超逾了悲剧或者说是悲剧中的悲剧。他认识到"不在"（ne pas être ）也许是不可能的，而他已经再也不能掌控荒诞，甚至通过自杀也不能。不可避免的存在这一概念，没有任何出口，它构成了存在之根本上的荒诞性。存在是恶，不是因为它是有限（fini）的，而是因为它是没有限度（sans limites）的。焦虑 / 畏（l' angoisse），按照海德格尔的说法，是一种虚无的经验。然而，难道不是，正好相反——如果我们是通过死亡来理解虚无的话——那这不也正意味着不可能死亡吗?

1　该书英译者指出，列维纳斯在此处指涉的是加缪的《希绪弗斯神话》中有关荒谬和自杀的论述。——译者注

通过警醒来刻画“il y a”看上去也是吊诡的，就好像我们为实存的纯粹事件赋予了一种意识。不过，有必要追问的是：是否警醒定义了意识；是否意识确实不是一种将自身从警醒中脱离的可能性；是否意识的恰当意义不是由成为一种背靠睡眠之可能性的警醒所构成；是否自我的事实不是一种可以离开无人称警醒之境况的权能。事实上，意识已经参与到了警醒中。但是它的特殊之处在于它还一直都保留着为了睡眠退回“后面”的可能性。意识就是睡眠的权能。这种在充盈（le plein）中的逃脱正是意识的吊诡之处。

实　显

意识是与“il y a”中之匿名警醒的断裂，它已经是实显了，它指涉的是这样一种境况：在其中实存者被置入与其实存的关联中。我们显然不能解释这一切是为何产生的：在形而上学中并不存在物理学。我们只能简单地指出这一实显的意义是什么。

“是……的某物”（quelque chose qui est）的显现构成了一种在匿名存在之中的真正反转。它将实存作为一种属性担负起来，它是这一实存的掌控者，就好像主体是属性的掌控者一样。实存是［属于］它的，正是通过这种对于实存的掌控——其局限我们很快就会看到——通过这种对于实存之嫉妒和独享的掌控，实存者是孤单的。更准确地说，实存者的显现就构成了一种掌控，构成了一种在实存中的自由，这一实存原本将通过其自身而停留于根本的匿名之中。为了在匿名实存中能够拥有一个实存者，一种与自身的分离和对自身的回归在那里就应该变得是可能的，也就是说，一种同一性的运作就应该变得是可能的。通过这种同一化，实存者已经禁闭了自身，它是单子和孤独。

实显的事件，就是现在。现在离开了自身，甚而言之，它就是与自身的分离。在实存那既没有开始，也没有终结的无限框架中，它是一个裂口。现在断裂又重新连结，它开始，它就是开始本身。它有一个过去，不过是在回忆形式中的过去。它有一段历史，但它却不是历史。

把实显作为现在而提出，依旧不能将时间引进存在。虽然现在被给予我们，我们却既没有被给予一种在绵延的线性序列中的时间之延展，也没有被给予这一序列中的任何一个点。这里说的不是从一种已经构成的时间中切割开来的现在，不是一种时间的元素，而是现在的功能，是在实存的非人称的无限中产生的裂口。它就像是一种存在论的图式（schéma）。一方面，它是一个事件，而不再是某物，它不存在，但它是一个实存的事件，通过它，某些事物开始从自身出发；另一方面，［尽管］它依旧是一个必须被用动词表达的纯粹事件，然而在这一实存之中，已经发生了一种蜕变，已经有了某物，有了某个实存者。在实存和实存者的界限中把捉现在是必要的，在那里，实存的功能，已经转化成了实存者。

这正是因为现在是一种完成“从自身出发”的方式，而这种“从自身出发”一直都是转瞬即逝（évanescence）的。如果现在是延续的，那么它就可能从某个先于它之物中接受了其实存。它就可能得益于一种遗产。但它其实是某种来自于自身之物。一个事物要来自自身，就必须不从过去中接受任何东西。这样，转瞬即逝就成了开始的基本形式。

但是这一转瞬即逝，如何能够通达某物呢？［通过］一种辩证的境况，它描述，而不是排斥一种规定（s' impose）当下的现象：“我”（le «je»）。

一直以来，哲学家们对“我”的两可特征都有所意识：它不是一个实体（substance），而是一个无可比拟的实存者。用精神性去定义它，什么也说明不了，如果精神性只相当于一种属性的话。它也说明不了它的实存模式，说明不了那种在自我中的绝对，这一绝对不排斥一种总体更新的权能。说这种权能拥有一种绝对实存，那么至少就是在将这种权能转换成实体。相反，如果把实存和实存者的界限，把捉为一种实显的功能，那么自我一下子就外在于多变和永久的对立，就像外在于存在和虚无的诸范畴一样。当人们认识到“我”并不是一个原初的实存者，而是实存的模式本身，准确地说，它还不实存（existe）的时候，上面那种矛盾对立就消失了。

可以确定，现在和“我”可以转变成实存者，而且人们可以将其组合进一种时间，使其像实存者一样拥有时间。并且，人们也能够拥有一种康德或柏格森式的关于这种已实显的（hypostasié）时间的经验。但这样一来，它就成了一种已实显的时间的经验，一种“那是什么”（qui est）的时间。它就不再是在实存和实存者之间起图式功能的时间，不再是一种作为实显的纯粹事件的时间。通过把现在当作一种实存者对实存的掌控，并且通过在其中探索一条从实存通向实存者的路径，我们发现我们自己处于一种探寻的层面，它已经不再适合被称为经验。如果现象学只是一种涉及根本（radical）经验的方法的话，我们就会发现我们已经超出了现象学。然而，现在的实显，只不过是实显的一个时刻，时间还能够指示另一种在实存和实存者之间的关系。这也就是我们随后将会看到的，我们与他人之关系的事件，它允许我们通达一种多元的实存，而超离现在那一元的实显。

现在，“我”——实显就是自由。实存者是实存的掌控者。它将主体之男子气概（viril）的权能施加于它的实存之上。它在它的权能中拥有某物。

这是首要的自由。不是自由意志的自由，而是开始的自由。它从当下具有实存的某物开始。自由被包含进所有主体之中，被包含进有一个主体，有一个存在者这一事实之中。它是实存者在对实存之把握（emprise）中的自由。

孤独和实显

如果孤独在我们的研究中，最初被刻画为一种在实存者和它的实存之间的不可分割的统一体的话，那么它就并不来自任何一种对于他者的预设。它并不显现为一种与他人关系的丧失，而这种关系预先已被给予。它来自实显的运作。孤独正是实存者的统一体，是在实存中有某物这一事实，这一事实开始于实存所做的事情。主体是孤单的，因为它是一。为了有一种开始的自由，为了让实存者掌控实存，也就是说，简言之，为了有一个实存者，孤独就是必要的。这样，孤独就不只是一种绝望和离弃，而同时也是一种男子气概、一种骄傲、一种主权。存在主义者分析孤独的特点，在于他们将孤独排他性地导向绝望，却成功地进行抹除，导致人们遗忘了所有浪漫主义和拜伦式诗歌和心理学的主题：骄傲的、高贵的和天才般的孤独。

孤独和物质性

但是这一主体对实存的掌控，实存者的主权，关乎一种辩证式的翻转。

实存被实存者所掌控，与其自身相同一，这说的就是孤单。但是同一性不只是一种从自身的出离，它同时也是对自身的回归。现在在一种对自身不可避免的回归中构成。实存者必须为其安置 / 位置（la position）[1] 所付出的代价，就在于它不能从自身中分离这一事实。实存者专注于（s' occuper）自身。这种专注于自身的方式，就是主体的物质性（la matérialité）。同一性不是一种与自身的无争斗的（inoffensive）关系，而是一种对自身的束缚，它是专注自身的必然性。开始被自身变得沉重，它是存在的现在，而不是梦的现在。它的自由立即为其责任所限制。这就是它最大的吊诡之处：一个自由的存在已经不再是自由的，因为它要为它自己负责。

1 法语 “la position” 是名词，意为 “位置”，但列维纳斯通常用其指涉 “实显” 从其出发的原初之点。这一原初之点不是本来就有，而实显再从其中出发，如果这一原初之点本来就有，那就说明实体已具有了 “位置”，它已经实显了。毋宁说它和实显是同时出现的，实显就是要为实体自身争取到一个 “位置”，在这个意义上，它也隐含了一种实体之 “自我安置”、“自我置放” 之义。——译者注虽然自由关乎过去和未来，但现在却是一种之于自身的束缚。现在的物质特性并不来自它所负担的过去，也不来自对未来的担忧。它来自作为现在的现在。现在已然撕裂了无限实存的框架，它忽略了历史，它从当下出发。尽管如此或因为如此，它约束于自身本身，并由此认识到了一种责任，转换成了物质性。

在心理学和人类学的描述中，这可以被转译为：我（je）已经被束缚于自身，我的自由不像恩典一样轻盈这一事实，它已经是一种重力，在其中，自我（moi）不可避免的就是自身（soi）。我并不是在编一个同义反复的剧本。自我向自身的回归绝不是一种平静的反观，也不是一种纯粹哲学反思的结果。与自身的关系，就像布朗肖的小说《亚米拿达》（Aminadab）[1] 中所描述的，是一种与自我的双重束缚之关系，这是双重的粘滞，沉重和愚蠢，但自我（le moi）恰恰就是与这种束缚在一起的，因为它就是我（moi）。它需要专注于自身这一事实表明了这个与（avec）。所有的事务都是一

1　列维纳斯被纳粹杀害的弟弟的名字就叫亚米拿达，除此之外，也有叫这个名字的圣经人物。布朗肖通过这个名字的含混性，使得小说人物保持在一种本质的匿名状态之中，亚米拿达没有名字。——译者注

种做家务事的忙乱（remue-ménage）。我不是作为一种精神而存在，就像一丝微笑或一阵轻风，我不是不怀责任的。我的存在因为一种拥有而变得双重化，我被自我本身所堵塞。而这，就是物质性的实存。故此，物质性并不显现为一种精神在坟墓或身体之囚禁中的偶然跌落。物质性在其实存者的自由中，必然与一种主体的浮现相伴。要理解从物质性中出发的身体——在自我（Moi）和自身（Soi）之间关系的具体事件——就要将其重新引向一个存在论事件。存在论的关系并不是一种祛具身化（désincarnés）的联系。在自我和自身之间的关系，不是一种精神对其自身无争斗的反思。这些都是人之物质性。

这样，自我的自由和它的物质性就聚集在一起了。首要的自由来自在匿名实存中有一个实存者浮现的事实，但这包含了一种代价：我（je）的限定性（le définitif）被束缚于自身本身。这种实存者的限定性，构成了孤独的悲剧，这就是物质性。孤独的悲剧性，并不是因为缺乏他者，而是因为它被禁闭于它的同一性的囚禁中，因为它是物质（matière）。要粉碎这种物质的锁链，就要粉碎实显的限定性，就要位于时间之中。孤独是时间之缺场。被给予（donné）的时间，其自身已实显并经验丰富（expérimenté）的时间，主体搬运着它的同一性所游历和经过的时间，是这样一种时间：它不能解开与实显的联系。

II.

物质是实显的不幸。孤独和物质性密不可分。孤独并不是一种高级层次的焦虑：当一个存在的所有要求都被满足之后，这种焦虑就展现在其面前。它并不是一种**向死而在**的特别经验，如果我们可以这么说的话，它是一种为物质所萦绕的日常实存的伴随物。在物质性的操心来自实显本身，并表达了我们作为实存者的自由这一事件本身的意义上，日常生活远没有构成一种堕落，也远不显现为一种对我们形而上学命运的背叛，它发源于我们的孤独并形成了一种孤独的实现形式，形成了一种回应它那深刻不幸的无限深沉的企图。日常生活是一种对拯救的关切（préoccupation）。

日常生活和拯救

这样我们便能解决那个所有当代哲学都参与构建的矛盾吗？对一个更好的社会的希望和对孤独之绝望，二者都自称以自明的经验为基础，它们看上去却是一种无法克服的对立。在这种孤独的经验和社会的经验之间，不只有一种对立，还有一种二律背反。它们中的每一个都宣称一种普遍经验的等级次序，并以此来解释对方，将它突显为一种本真经验的降级。

在社会学和社会主义乐观的建构主义之中，孤独的感情（sentiment）持续着并产生威胁。它可以使得人们将交流的愉悦、集体协作的愉悦和所有这些使得世界变得宜居的事情，宣告为一种帕斯卡尔式的消遣，一种对孤独的简单遗忘。发现自身定居于这一世界之中，忙于诸事，依附于它们，甚至去操纵它们的愿望，并不只在孤独的经验中贬值，并且也被一种孤独的哲学所解释。对物和需求的操心将是一种堕落，一种在最后的终极性（finalité）之前的逃逸——这些需求本身暗指了这种终极性，一种轻率，一种非－真理，一种听天由命，但是无疑带着低劣和应被谴责的标记。

然而其反面也同样是正确的。我们在帕斯卡尔、克尔凯郭尔、尼采和海德格尔式的焦虑中，表现得就像丑陋的资产阶级。要不然我们就是疯了。没有人会把疯癫当作一种拯救的方案。小丑，莎士比亚悲剧中的疯子，就是那清晰地感受到并说出世界的非一致性，以及诸情形之荒谬的人——他不是悲剧中的主要角色，也没有什么需要去战胜的。在一个满是国王、王子和英雄的世界里，疯子是序幕的开启，通过它，世界被疯癫的气流所穿过——他并不是熄灭光亮和扯下帷幔的风暴。我们漫长的时日被一大堆关切所填满，并将我们从孤独中扯离，而抛向与我们同类的关联中，这些关切被称为“堕落”、“日常生活”、“动物性”、“退化”或“可鄙的物质主义”，但这些关切在任何时候都绝不是浅薄的。我们可以把本真的时间思考为一种原初地绽出，然而我们却为自己买了一块手表。虽然实存是赤裸的，我们却应该尽可能得体地穿着。而当我们写一本关于焦虑的书时，它却是为某人而写的，我们穿过了所有分离草稿与正式出版物的环节，有时候我们表现得就像一个焦虑的生意人。一个被宣判死刑的人在他最后的旅程将衣服弄匀称，抽完最后一根香烟，在枪响前找到一个富有表现力的字眼。

一些肤浅的反对意见，会让我们回想起某些现实主义者对理想主义者说的话，前者责备后者在一个幻想的世界中饮食和呼吸。当他们反对的不是一种导向空想（métaphysique）的行为，而是一种导向道德的行为时，这些反对意见却并非微不足道。每一种敌对的经验都是道德性的。他们彼此反对，不是由于对方的错误，而是由于对方的非本真性。当大众关切面包甚于关切焦虑的时候，他们会驳斥上层阶级，在这种驳斥中有一种并不天真的东西。从这里开始，高尚的语调在一种人本主义中激起，这一人本主义源自经济问题；从这里开始，工人阶级拥有追还（revendication）的权力在人本主义中树立起来。那种将［日常生活视为］只是在非本真性中堕落的行为、只是消遣，或者甚至只是我们动物性的正当诉求的观点——对此是无法解释的。

对一种建构性的和乐观的社会主义而言，孤独和它的焦虑却意味着在一个吁求团结和清醒的世界之中，逃避现实的立场。［孤独和它的焦虑］是一种社会转型时期的附带现象——一种奢侈或残余的现象，是精神失常的个体的无意义的梦境，是一种与集体之身躯的脱节。这里有一种与孤独哲学所利用的权利对等的权利：社会主义人本主义也可以把对死亡和孤独的焦虑称作“谎话”、“瞎扯”，甚至“故弄玄虚”和“夸大其辞”、“不切实际”和“衰朽无能”（déliquescence）。

一种二律背反：既反对自我拯救的需求，也反对自我满足的需求——雅各和以扫。不过拯救与满足之间的真正关系却不是古典观念论所认为的那样，而现代存在主义的主张也同样没有得其要领。拯救不需要对需求的满足，仿佛其是一种高级形式一样，这种高级形式要求确保其基础稳固。我们日常生活的常规运作当然不是一种我们动物性的简单延续，这种动物性为精神活动不断地超离。但是对拯救的不安，也不再在需要所带来的痛苦（la douleur）中涌现：这种需要的痛苦本来可能会是这一不安的偶然原因，就好像贫穷和无产状况也会是瞥见天国大门的时机一样。我们不认为：为了使工人阶级在其间苏醒，针对工人阶级的难以忍受的压迫独特地制造出了一种压迫的纯粹经验，其超乎于经济自由之外，这是一种对空想自由的乡愁。革命斗争偏移了它的真正意义以及它的真实意向，当它仅仅被当作精神生活之基础的时候，或者当它必须通过它的危机来唤醒使命的时候。由于建基于实显的辩证法上，经济斗争已然与为了拯救的斗争平起平坐，通过这一辩证法，首要的自由才被构成。

在萨特的哲学中，有某种无可名状的天使般的现在。实存的所有重量都被抛回过去，现在的自由已然位于物质之上。在现在本身和它涌现的自由中去识别物质的所有重量之时，我们想要既意识到物质生活和它对实存之匿名的战胜，也意识到它的悲剧限定性：它被其自由本身所束缚。

通过将孤独连接到主体的物质性，物质性就是它自身的锁链，就此我们能够明白在何种意义上，为了克服主体自身的重量，克服它的物质性，也就是说，松开自身和自我之间的粘连，世界和我们在世界中的实存构造了主体之基础性的一步。

通过世界的拯救；食物

在日常实存中，在世界中，主体的物质性结构在某种程度上已经被逾越——自我和自身之间，显现出一种间隔。同一的主体不会立即回归自身。

自海德格尔以来，我们习惯于把世界思考为一个用具的集合。在世界中生存（exister）就是行动，但是这样的行动，就行为的终极意义而言，就是为了目标而拥有我们的生存本身。用具指引另一个用具，最终指引向我们对生存的操心。在按下浴室开关的时候，我们打开了整个存在论问题。完完整整的[存在论问题]。被海德格尔遗漏的问题似乎是——如果在这些方面有些东西真的还可能被海德格尔所遗漏的话——世界在是一个用具的体系之前，首先是一个食物的集合。在世界之中的人类生命并不会外在于喂饱它的诸客体。或许说我们活着就是为了饮食是不对的，但也不能说我们饮食只是为了活着。饮食的最终终极性就包含于食料之中。当人们闻一朵花的香味时，是香味界定了行动的终极性。

去散步就是要去呼吸清新的空气，不是为了健康，而是为了空气。正是这些食物定义了我们在世界之中的生存。这是一种绽出的生存——外在于自身——但是又为客体所限。

我们可以用享受来刻画与一个客体的关联。所有享受都是一种存在的方式，也是一种感觉（sensation），也就是，光和认识。它是一种对客体的吸收，但也是一种与它的距离。知识和光照（luminosité）本然地属于享受。在享受中，主体，在供给自身的食物面前，位于空间之中，并与其生存所必需的诸客体持有距离。虽然在实显的纯粹和简单的同一性中，主体在世界之中陷于自身，但与这种回归自身不同的是，还有一种“与存在所必需的万物之关系”。主体从自身中分离。光是这种可能性的条件。在这个意义上，我们的日常生活已经是一种从原初的物质性中解脱的方式，主体通过这一物质性才得以完成（s'accomplit）。它已经包含一种对自身的遗忘。“人间食粮”的道德是首要的道德。[1]

1　这里应该是在影射纪德的名著《人间食粮》。——译者注首要的忘我（abnégation）。它不是终点，但人们却必需经过它。[1]

1 这个将享受作为一种与自身分离的观念，反对的是柏拉图主义。柏拉图在指责混杂的愉悦的时候作了一个计算，它们是不纯粹的，因为它们假定了一种缺失，这种缺失不能被任何不算作真正收获的东西所填补。但是，从利益和损失的角度去判断享受是不正确的，我们应该在它的变化、它的事件中去观察它，应该比照铭刻在存在中的、被掷入一种辩证法中的自我之戏剧，去观察它。所有人间食粮的吸引力和青春时代的经验都反对柏拉图式的计算。

光和理性的超越

但是，对自身的遗忘和享受的光照，不会折断自我和自身之间难以避免的粘连，如果我们将这种光从主体物质性的存在论事件中分离，在这一事件中，主体有其位置，如果我们以理性的名义，把这种光树立为绝对。被光所给予的空间的间隔，又被光瞬间地吸收。光就是那使得某物他异于我（autre que moi），却又好像是来自我处之物。被照亮的客体是我所遇到之物，但它被照亮的事实又说明了，我们遇到它，就好像它来自我们。[1]它并不拥有根本上的陌异性（étrangeté）。它的超越被包裹在内在之中。正是由于自我本身（moi-même）与我相伴，我才能在认识或享受之中发现自己（me retrouve）。光的外部性不足以实现为自身所囚

1　我要利用这个机会回归德・威尔汉斯先生在这里的精彩讲座中的一个论点。这是有关胡塞尔的问题。德・威尔汉斯认为理性促使胡塞尔从描述性直观转向先验分析，这一分析依赖于一种在可理解性和建构之间的同一化，纯粹观看（vision）并不是可理解性。我认为，正好相反，胡塞尔的观看概念已经暗示了一种可理解性。在那里，看（voir）已经是一种人们对其所相遇的客体自身的呈交，这一相遇的客体就好像来自人们自身的基底一样。在这个意义上，“先验构造”只是一种充分清晰的观看方式。它是一种观看的完善。

禁的自我之解放。

光和认识在它们于实显所处的位置中向我们显现，也在实显所带来的辩证法中向我们显现：这是一种主体从实存的匿名性中解脱的方式，但是又通过它作为实存者的同一性（也就是说，已物质化 [matérialisé]）而束缚于自身，且与它的物质性保持着距离。但是，与这一存在论事件相分离，与这种被允诺了其他解放之维度的物质性相分离，却不能使得认识克服孤独。理性和光通过它们自身，完成了存在者之为存在者的孤独，并且实现了其命运：成为一个指涉一切的孤单又独一无二的基准点（point de repère）。

理性在以其普遍性围绕所有事物的同时，发现其自身又处于孤独之中。唯我论既不是一种迷乱，也不是一种诡辩，它就是理性的结构本身。这倒不是因为它所构成的感觉的“主观性”特点，而是因为认识的普遍性——也就是，光的无限制性和任何东西留在其外面的不可能性。因此，理性从来就不曾发现另一种向其诉说的理性。意识的意向性允许我们从诸物中辨别自我，但是它却不会使得唯我论消失，因为它的要素——光——促成我们去掌控外部世界，却不能在其中发现一个同伴。理性认知的客观性并不会剥夺理性的任何孤独特征。客观性反转为主观性的可能性，正是观念论的主题，而观念论就是一种理性的哲学。光的客观性，就是其主观性本身。所有客体都能被意识的术语所讲述，也就是说，都能被带入光之中。

空间之超越只有在这样的情况下才能被确保为真，即它建基于一种超越之上，而不会回归到它的出发点。生命只有这样才能变成一条救赎之路：在其与物质的斗争中，它遇到一个事件，这一事件阻止其日常生活的超越总是回落到同一个点上。为了瞥见那一支撑光之超越的超越（这一超越为外部世界提供了一种真正的外部性）就必须回归一种具体的情形，在其中，光是在享受中被给予的，也就是说，必须回归到一种物质性实存。

III.

我们已经论述了孤单的主体这一问题，这一孤单源于它是实存的（existant）这一事实。主体的孤独来自它与它所掌控的实存之关系。这种对实存的掌控是一种开始的权能，一种从自身出发的权能。这种“从自身出发”既不是为了行动，也不是为了思想，而是为了存在（être）。

然后，我们展现了实存者相对于匿名实存的解放，转而变成了一种对自身的束缚，这是同一化（identification）的束缚本身。具体来说，同一的关系是自身施加于自我的一种束缚，是自我对自身的操心，或者说，是物质性。主体从所有与未来或过去的关系中抽离，为自身所规定，并因此处于它的现在的自由本身之中。它的孤独并不源始地在于它没有救援这一事实，而是在于它被扔向以自身为食之中，它陷入了自身。这就是物质性。同样，在需要之超越的瞬间，主体置身于食物的面前，置身于作为食物的世界面前，这供给了主体一种相对于其自身的解放。以享受为形式，世界使得主体能够参与实存，并且因此许可主体一种与自身有所距离的实存方式。主体被吸收进它所吸收的客体中，然而保守着一种相对于该客体的距离。所有享受都是感觉，也就是说［都是］认识和光。倒不是说这是自身的消失，而是说这是对自身的遗忘，而且是作为一种首要的忘我。

劳 作

但这种通过空间实现的瞬时之超越并不能逃脱孤独。那一许可［我］与他异于自身之物相遇的光，使得相遇的那个某物就好像已然来自于自我。这一光，这一明晰性，就是可理解性本身，它使得诸物都来自于我，它使得每种经验都被复归（ramener）为一种回忆（réminiscence）的元素。理性是孤单的。在这个意义上，认识在世界上绝不会与任何真正的他异之物相遇。这就是观念论的深刻真理之所在。这样就昭示了一种在空间之外部性与彼此关联的诸瞬间之外部性之间的彻底差异。

在需要的具体性中，那使得我们离开自身的空间，一直都是要被攻克的。人们必须穿过它，必须拿起客体，也就是说，人们必须用自己的手劳作。在这个意义上，“不劳动者不得食”只是一种分析性的假设。用具及其制造所追求的是一种废除距离的虚幻理想。在由一种现代的用具（机器）所开启的针对用具的视角中，人们被机器缩减劳作的功能所震撼，甚于被它的器具功能所震撼，海德格尔独特地探察过这种器具功能。

不过，在劳作中，也就是说，在努力中，在它的辛苦(peine)中，在它的痛苦中，主体重新发现了实存之重，这一实存之重指向其作为实存者的自由本身。实存者的孤独最终要被还原为的现象，就是辛苦和痛苦，而这就是我们即将要探讨的论题。

受难和死亡

在辛苦、痛苦和受难中，我们又一次在一种纯粹的状态中发现：构成孤独之悲剧的限定性。享受的迷狂并不能克服这种限定性。这里强调两点：我们将在需要和劳作的痛苦中，而不是在虚无的焦虑中，推进对孤独的分析；并且我们将把重点略微落在那种所谓身体的痛苦之上，因为它对实存的介入，没有任何的两可不清。在道德的痛苦中，人们常常能够保持一种庄严和悔恨的态度，而这已经是一种自我解放；而身体的受难在任何程度上，都是一种从实存的瞬间中脱离的不可能性。这就是存在的不可避免性（l’irrémissibilité）本身。受难的内容与从受难中逃离的不可能性是混杂在一起的。但这不是以受难来定义受难，而是强调构成其本质的那种别具一格(sui generis)的意涵。在受难中，有一种所有庇护的缺场。它就是被直接地暴露于存在这一事实。它就是逃离和撤退的不可能性。受难的所有剧烈性（acuité），都位于这种撤退的不可能性之中。它是被陷入生命和存在这一事实。在这个意义上，受难就是虚无的不可能性。

但是在受难中，在呼告一种虚无之不可能性的同时，又有一种死亡的临近。这里不只有这样一种感情和认知：受难能够以死亡而告终。痛苦包含其于自身，就像包含了一个极点，就像有某种更令人揪心而甚于受难的东西将被牵引出来，就好像尽管有一种后撤维度的全然缺失（正是这种无法后撤构成了受难），却仍然有一块自由的领地留给了事件，就好像依旧必须为某事而担心，就好像我们正在一个事件的前夕，其超逾了那在受难中最终揭示的东西。痛苦的结构构成于它对痛苦的依附本身，这一结构仍在延续着，一直延续到一个不能被翻译成光之术语的未知之处，也就是说，它抵触自身和自我之间的亲密性（intimité），我们的所有经验都要回归到这种亲密性。死亡的未知，并不是一上来就被作为虚无而给予的，而是与一种虚无的不可能性经验相连，这一不可能性所指示的不是：死亡是一个从未有人从那里回来的区域，[1] 因而死亡事实上就保留为未知；死亡的未知指示的正是与死亡的关系不能在光中发生；主体与一种不是来自自身之物发

1　哈姆雷特说，死亡是“那从来不曾有一个旅人回来过的神秘之国”(《哈姆雷特》，第三幕，第一场，参见莎士比亚，《莎士比亚悲剧集》，朱生豪译，北京：中央编译出版社，2015 年)。——译者注

生关系。我们可以把这称作与神秘的关系。

死亡在受难中昭示自身的这种方式，外在于所有光，它是一种主体的被动性经验，在此之前，这一主体一直是能动的，甚至在被它自身的本性所溢出（débordé）的时候，依旧是能动的，保留着它承担它的行事状态（état de fait）的可能性。所谓“一种被动性的经验”只是一种谈论的方式，因为经验已经暗示了认识、光和主动性（initiative），以及一种客体朝向主体的回归。作为神秘的死亡与如此理解的经验判然有别。在认知中，所有被动性都是一种以光为中介的能动性。我所相遇的客体都是被自我所理解，或者归根结底，被自我所构造的，而死亡昭示了一种主体不再是掌控者的事件，一种与之相关，主体不再是主体的事件。

我们把这种对在受难中的死亡的分析，与海德格尔著名的*向死而在*的分析相对照，就会立刻注意到其特殊之处。向死而在，在海德格尔的本真性实存中，是一种极度的明澈性并且因此是一种极度的男子气概。它是此在对实存最终的可能性之承担，它使得所有其他可能性成为可能，[1] 并因此使得

1　死亡在海德格尔那里不是让·瓦尔所说的“可能性的不可能性”，而是“不可能性的可能性”。这一看上去太过刻意的区别，实际上具有根本上的重要性。

把捉一种可能性的事实本身成为可能，也就是说，它使得能动性和自由成为可能。死亡在海德格尔那里是自由的事件，然而，对我们来说，主体似乎在受难中达到了其可能的极限。它发现它自己以某种被动的方式，被束缚了、被溢出了。死亡在这个意义上就是观念论的界限。

我甚至纳闷我们与死亡之关系的首要特性，如何竟能逃脱了哲学家们的注意。它不是与死亡的虚无之关系，确切地说，我们根本不知道应该从哪里入手分析它——我们与死亡之关系的首要特性是这样一种情形：在其中，某种绝对不可认识之物出现了，绝对不可认识就意味着外异于所有光，它使得所有对可能性的承担都变得不再可能，但正是在其中，我们自身却被把捉了。

死亡和将来

这就是为什么死亡绝不会是一个现在。这是不言而喻的。古代的谚语设法驱散死亡的恐惧——“如果你在，它就不在；如果它在，你就不在”——毫无疑问，它没有认识到死亡的全部悖谬，因为它抹杀了我们与死亡的联系，而这是一种与将来的独特联系。不过这谚语至少还坚守着死亡永恒的将来性。它离弃了所有现在这一事实，并不因为我们在死亡面前的逃离，也不因为我们在最后时刻不可饶恕地嬉戏（divertissement），而是因为死亡是不可把捉的（insaisissable），它标示着主体的男子气概和英雄主义之终结。当下（le maintenant）[1]意味着我是掌控者，可能性之掌控者，把捉可能性之掌控者。死亡从不是当下。当死亡在这里的时候，我就不再在这里，不是因为我是虚无，而是因为我不能够把捉。在与死亡的关联中，主体的掌控、男子气概、英雄主义，都不能再是男子气概和英雄主义。我们在受难的核心之处，把捉到这种死亡的临近——而且依旧在现象的层面上——把捉

1 该词出自动词“maintenir”，表保持、坚持、支撑、固定等意，由“main”（手）和“tenir”（把、握、持）二词组成，本身就包含了掌控之意。——译者注

到这一主体的能动性向被动性的反转。这并不发生于受难的瞬间，在其中，即使已陷入存在而不能自拔，但我也已经把捉了它，在其中，我已经是受难的主体，而是发生在受难被倒转向的哭泣和呜咽中，在那里，受难到达了它的纯粹状态；在那里，再没有任何东西位于我们和它之间，这种极致的承担的至高责任变成了至高的无责任，变成了幼年。这就是呜咽，正是在这里，呜咽昭告了死亡。死去（mourir），就是回归这一无责任的状态，就是那种呜咽中的幼童式的颤抖。

请允许我再次回到莎士比亚，在这个讲座中，我过度地提及他。不过有时在我看来，整个哲学都不过是莎士比亚的沉思。悲剧英雄不是承担起了死亡吗？我将容许我自己对麦克白的结尾作一个简要的分析。麦克白得知勃南森林正朝邓西嫩[1]进军，而这是战败的征兆：死亡逼近。当这个征兆显露的时候，麦克白喊道："吹吧，狂风！来吧，灭亡！"[2]但是紧接着，又喊道："快按警铃！……至少我们也要身披

---

1 邓西嫩（Dunsinane）是麦克白的城堡所在地，而女巫预言，麦克白永远不会落败，除非有一天勃南森林（Birnam Wood）冲着他向邓西嫩移动。后来麦克白的对手命军队从勃南森林摘下树枝作为掩护，军队逼近邓西嫩时恰似勃南森林步步紧逼一般。——译者注

2 引自莎士比亚，《莎士比亚悲剧集》，朱生豪译，北京：中央编译出版社，2015年，第514页。——译者注

甲胄死”。在死亡之前，将有一场恶战。第二个战败的征兆还没有显露。女巫不是还预言了：任何女人生出的男人都对麦克白没有丝毫妨碍吗？但是麦克特夫并不是由女人生出的。[1]死亡近在眼前。“愿那告诉我这样的话的舌头永受诅咒”，麦克白朝麦克特夫喊道，后者已经知晓他的权能超过了前者，“因为它使我失去了男子汉的勇气！……我不愿跟你交战。”[2]

这就是被动性，在其时已经不再有期望。这就是我所称作的男子气概的终结。但是马上期望又复苏了，下面是麦克白最后的话语：

> 虽然勃南森林已经到了邓西嫩，虽然今天和你狭路相逢，你偏偏不是妇人所生下的，可是我还要擎起我的雄壮的盾牌，尽我最后的力量［然而，我还是要尝试抓

1　女巫曾给麦克白三个隐晦的预言：（1）小心提防麦克特夫；（2）任何被女人赋予生命的人都不能伤害麦克白；（3）只在勃南森林向他移动时，他才会落败。麦克白最终为麦克特夫所杀，在杀死麦克白之前，麦克特夫告诉麦克白，他并不是自然地出生的，而是经剖腹从母体中被取出的，这印证了女巫的预言。——译者注

2　此处采用朱生豪的译文，完整的对话为：“愿那告诉我这样的话的舌头永受诅咒，因为它使我失去了男子汉的勇气！愿这些欺人的魔鬼再也不要被人相信，他们用模棱两可的话愚弄我们，听来好像大有希望，结果却完全和我们原来的期望相反。我不愿跟你交战。”（莎士比亚，《莎士比亚悲剧集》，朱生豪译，北京：中央编译出版社，2015 年，第 516 页。）——译者注

住我最后的机会]。[1]

在死亡之前，永远有一个英雄所能把捉的最后机会，英雄所抓住的是这一机会，而不是死亡。英雄就是总会瞥见最后一次机会之人，他就是执意于去发现机会之人。如此一来，死亡就永远不被承担，它[只是在]到来。自杀是一个自相矛盾的观念。永远在迫近是死亡之本质的一部分。在现在之中，主体的掌控被肯定了，这里有一种期望。期望并不是通过一种致死的一跃（salto-moratale）、一种不合常规而被加诸于死亡之上；期望处在边缘上，在死亡的时刻，它被给予了将死的主体。气不断，心不死（Spiro-spero）。对于这种承担死亡的不可能性，《哈姆雷特》正是其意味深长的证词。虚无是不可能的。正是虚无似乎曾留给人类一种承担 / 设定（assumer）死亡的可能性，一种从实存的奴役中夺得至高掌控的可能性。“生存还是毁灭[或译：存在或不存在 / 去是或不去是]”是对这种化为乌有之不可能性的一种意识闪念。

1. 引自莎士比亚，《莎士比亚悲剧集》，朱生豪译，北京：中央编译出版社，2015 年，第 516 页。为了呼应下文，此段引文最后括号中的话为本书译者直译。——译者注

事件和他者

我们能从这种对死亡的分析中推断出什么？死亡变成了主体男子气概的界限，这种男子气概在匿名存在的核心之处经由实显而成为可能，并在现在之现象中、在光中自我显现。这里说的不是［在死亡中］存在着一些主体不可能去从事的事情，或者说它的权能以某种方式完结了；死亡并不昭示某种什么也不能做的现实，某种我们的权能不充分的现实;［因为］超离（dépassant）我们之强力的那些现实［本身］已经出现在光的世界之中。在对死亡的接近中，重要的是在某个时间，我们不再能有所能（ne pouvons plus pouvoir）；这样一来，主体就散失了它作为主体的掌控。

这种掌控的终结暗示我们以这样的方式承担了实存：一个事件在我们已经不再承担它的时候，还能向我们发生，哪怕我们以视觉的方式也不能承担这一事件，我们总是［通过这种视觉的方式］而被经验世界所浸没。正如今天讲到的那样，一个事件向我们发生，我们对其却绝对不拥有任何“先见”（a priori），不能拥有一丁点儿筹划。死亡就是拥有筹划的不可能性。这种对死亡的接近暗示出我们处在与绝对他异之物的关系之中，这一事物不将他异性（altérité）担负为一种我们可以通过享受来同化的临时规定性，这一事物的实存本身就是由他异性所形成的。这样，我的孤独就不是为死亡所确认，而是被其所打断。

这就意味着实存是多元的（pluraliste）。这里的“多元”说的不是诸实存者的多样性（multiplicité），而是在实存自身中显出的多元。一种多元性（pluralité）渗入实存者的实存本身之中，这一实存者的实存直到目前为止，都还为孤单的主体所小心翼翼地承担着，并通过受难而显现。在死亡中，实存者的实存异化了（s'aliène）。当然，那一被昭示的他者（L' Autre）并不像主体那样拥有这一实存，它对我的实存的支配是神秘的，它不是未知（inconnue），而是不可知（inconnaissable），它抗拒任何光。但是这就明确地表明，他者不是任何形式的另外一个自我本身（un autre moi-même）：其与我一起分担一种共通的实存（une existence commue）。与他者的关系不是一种田园诗式的和谐的共通的关系，也不是一种同情，通过这种同情我们把自己置于他者的位置，我们认识到他者类似于我们，却外在于我们；与他者的关系是一种与“神秘”的关系。他者的全部存在正是由他的外部性，或者更准确地说，他的他异性所构成的，[说外部性不够准确是]因为外部性是一种空间的属性，它会使主体通过光而复归自身。

因此，一个存在，只有已经通过受难而到达孤独的紧张状态，并处在与死亡之关系中，才能置身于一块领地，在这块领地中，与他者的关系变得可能。与他者的关系将永远不会是把捉可能性这样一种行为。我们应该用别的一些术语来刻画它，这些术语与那些用来描述光的关系形成了鲜明对比。我认为爱欲关系提供给我们一种原型。爱欲，就像死亡一样强大[1]，将提供给我们基础以分析这种与神秘的关系。只是要用那些与柏拉图主义完全不同的术语来阐述它，[因为]柏拉图主义是一个光的世界。

但是有可能从这种死亡的情形中——在其中，主体不再有任何把捉的可能性——提取出与他者[关系]之实存的另一个特征。没有任何办法把捉的东西就是将来，将来的外部性与空间的外部性完全不同，这正是因为将来是绝对的出乎

1 或译“爱情如死之坚强”，该语出自《圣经》中的《雅歌》8：6。——译者注

预料。对将来的期望，对将来的筹划 / 投射（projection），被从柏格森到萨特的所有理论选定为时间的根本特性，但这［涉及的］只不过是那个将来的现在，而不是本真的将来；将来是不可把捉之物，是不期而遇地降临于我们并抓住我们之物。将来，就是他者。与将来的关系正是与他者的关系。在我们看来，谈论一种在孤单的主体之中的时间，或者谈论一种纯粹个人化的绵延，是不可能的。

他者和他人

我们刚刚展现了事件在死亡中的可能性。而且我们已经将两种可能性进行了对比，一种是之于事件的可能性：在其中主体不再是事件的掌控者；另一种是之于客体的可能性：在其中主体一直是客体的掌控者，伴随这种掌控，主体总之一直就是孤单的。我们已经将这一事件定性为神秘，因为它再也不能被预期，也就是说，再也不能被把捉，它再也不能进入一个现在，或者说它哪怕进入它也像没进入一样。不过这样一来，死亡就被昭示为他者，作为我的实存之异化，那它还依旧是*我的*死亡吗？如果它给孤独开启了一个出口，那它不就只是将压垮这一孤独，压垮主体性本身吗？在死亡中，确实有一种在事件和它将发生于其上的主体之间的深渊。一个不能被把捉的事件又怎么能依旧向我发生呢？他者与存在者、实存者之间的关系可能是怎么样的？尽管实存者作为一种必死者而实存，但它如何却能在它的“个性”中持存、保持着它对匿名之“il y a”的征服、保存着它主体之掌控、保存着它主体性的征服呢？存在者如何能进入一种与他者的关系之中，却并不使得它自身被他者所压垮？

这个问题需要一开始就被提出来，因为它说的正是自我在超越中的保存这一难题。如果说逃离孤独必然他异于自我被吸摄进其筹划所朝向的终点［这一事实］，此外，如果主体不能像它承担一个客体一样承担死亡，那么这种在自我和死亡之间的调停又是以何种形式发生的呢？此外，自我如何承担死亡却并不将它承担为一种可能性？如果在死亡的面前，人们已经没有能力有所能，他们又如何能够在它昭示的事件面前依旧保持自身呢？

对死亡现象本身的忠实描述也蕴含着同样的难题。痛苦的哀伤之处不只在于飞离实存的不可能性，不只在于对其负隅顽抗的不可能性，也在于惊恐于离开与光的关系，死亡昭示了这种惊恐的超越性。就像哈姆雷特一样，我们偏爱于这种已知的实存，甚于未知的实存。就像实存者通过实显所进入的历险是它唯一的出路，唯一的避难所：它使其躲避这一历险中那不可忍受的东西。在死亡中，有一种卢克莱修式的虚无的诱惑，也有一种帕斯卡尔式的对永恒的欲望。这不是两种不同的态度：我们既想要死，又想要活 / 存在（être）。

这一难题的困难之处并不构成于将永恒从死亡中超拔出

来，而是构成于容许死亡被迎接，构成于在一种向自我发生的事件之实存中间，为自我保留通过实显而被获得的自由。我们可以把这一情形称为战胜死亡的企图，事件与此同时在这一情形中发生了，而主体在其中不像人们欢迎一件事情或一个客体那样欢迎它，而是直面这一事件。

我们刚刚已经描述了这种辩证法的情形。我们即将展示一个这种辩证法在其中完成的具体情形。我们在这里不可能详细地解释这种方法，［尽管］我们不断地求诸于它。我们可以看出，无论如何，它终究不是现象学式的。

与他人之关系，与他人之面对面，[1] 与一张同时给予并遮蔽他人的面容的相遇，就是这样的情形，在其中事件朝向一个不承担它的主体发生了，这一主体绝不能与其相关，但是它却以某种方式位于主体面前。"被承担"的他者就是他人。

我将在我的最后一次讲座中，讲解这一相遇的含义。

1　列维纳斯在此处使用"face-à-face"来表达"面对面"，但他后来则更多地使用"vis-à-vis"。——译者注

时间和他人

我希望能够指出这种与他人的关系如何既与存在主义，也与马克思主义的主张完全不同。今天，我想至少指出时间自身是如何指涉这种与他人面对面的情形的。

死亡所给予的将来，事件的将来，还并不是时间。因为这一不属于任何人的将来，这一人所不能承担的将来，为了变成一种时间的元素，还必须进入一种与现在的关系中。在这样两个瞬间之间的连接物是什么？在这两个瞬间之间是完全的间隔，完全的深渊，它们分离了现在和死亡，这一边缘既是无意义的又是无限的，在其中，一直都有足够的空间给予期待。它肯定不是一种纯粹毗连的关联，这种关联会把时间转换为空间，但是它也不是活力论（dynamisme）和绵延的冲动（élan），因为对现在来说，这种超逾自身和侵越将来的存在之权能，在我们看来正好被死亡的神秘本身排除了。

与将来的关系，将来在现在的出场，看上去都已经在与他人的面对面中被完成了。面对面的情形将是时间的完成本身，现在对将来的侵越不是孤单的主体的成就，而是一种主体间关系。时间的条件位于人与人之间的关系之中，或位于历史之中。

IV.

在上一讲中，我们从作为事件的受难开始，在这一事件中，实存者终于实现了其全部的孤独，也就是说，实现了所有他与其自身之连结的强度，所有它的同一性的限定性，与此同时，在这一事件中，实存者就处在一个与它所不能承担的事件的关联中，这一事件是绝对他者的，与之相关的是一种纯粹的被动性和一种不再能有所能。这一死亡的未来为我们确定了将来，这一将来在一个不是现在的范围之内。它确定了在将来中，与所有期望、筹划和冲动相对之物。从这种将来的概念出发去理解时间，人们就绝不再会与那种作为“不动的永恒之移动图像”[1]的时间相遇。

当人们从现在中剥夺了所有期望的时候，将来也就散失了它所有与现在的共生性（connaturalité）。将来不是被埋葬在一种已事先存在之永恒的内部，在那里，我们将可以把握将来。它是绝对他异的和新异的。就此，人们能够理解时间的现实本身，理解在现在中发现一种将来的同等物的绝对不可能性，理解［人们］欠缺任何对将来之把握。

诚然，柏格森通过绵延的自由这一观念，朝向的是同一个目标。但是它为现在保存了一种越过将来的权能：绵延就是创造。要批判这种不含死亡的哲学，只把它定位于整个现代哲学的潮流中是不够的，这整个潮流都使得创造成为被创造者的主要特性。它关乎的是展示：创造本身预设了一种朝向神秘的敞开。［然而］主体的同一性通过其自身不能够给予这一敞开。为了支持这个观点，我们已经坚称，匿名和不可避免的实存构成了整个宇宙，而实显在实存者对实存的掌控中告结，但

1 柏拉图对时间的经典定义，也时常被叔本华所引用。——译者注

同时那也就意味着，实显被囚禁在同一性的限定性中，其空间性的超越不能松解这种限定性。这不是一个关于期望之事实的异议，对于期望，柏格森对绵延的描述已经为我们所熟知：这与展现它们的诸存在论条件有关，这些条件更是主体与神秘之关联的事实（le fait），而非运作，我们可以说，这一事实正是向被囚禁于自身的主体所开启的维度。确切地说，它是时间的运作之所以深刻的原因。它不只是一种通过创造的更新：这种更新依旧附属于现在，它给予创造者的只是一种皮格马利翁（Pygmalion）的忧伤。[1]时间不仅是一种我们的灵魂状况和质性的更新，它本质上还是一种新的诞生。

1　皮格马利翁是希腊神话中的塞浦路斯国王，善雕刻。他不喜欢塞浦路斯的凡间女子，决定永不结婚。他用神奇的技艺雕刻了一座美丽的象牙少女像，把全部的精力、热情、爱恋都赋予了这座雕像。他像对待自己的妻子那样抚爱她、装扮她，为她起名加拉泰亚，并向神乞求让她成为自己的妻子。爱神阿芙洛狄忒被他打动，赐予雕像生命，并让他们结为夫妻。后来，“皮格马利翁效应”成为一个人只要对艺术对象有执着的追求精神，便会发生艺术感应的代名词。——译者注

与他人的权能和关系

我将重申之前的描述。死亡的将来，其陌异性不给主体留以任何主动性。在现在和死亡、自我和神秘之他异性中，有一道深渊。这不是说死亡使得实存停止了，也不是说它是终结和虚无，而是我们已经强调过的，自我在面对它的时候，是绝对没有主动性的。战胜死亡并不是一个有关永恒生命的问题。战胜死亡，就是要维持一种与事件之他异性的关系，这种关系必须仍旧是个人化的。

那么，这种他异于主体掌控世界的权能，同时还维护着它的个性的个人化关系，到底是什么？我们如何基于主体在其被动性中的方式，而给予其一种定义？人类在把捉可能的男子气概之外，以及使得能够得以能够［的能力］（pouvoir de pouvoir）之外，是否还有另一种掌控？如果我们发现它，［那么便会发现］时间的位置就是在其中、在这一关系中构造的。我上次已经指出，这种关系就是与他人的关系。

但是重复这一类的问题并不能提供一种解决方案。我们需要具体说明这种与他人的关系可能是什么。有人已经反对我说，在我与他人的关系中，我所相遇的并不只是他人的将来，那个作为实存者的他者对我而言已经拥有了一个过去，因此，他并不拥有一种对将来的特权。这一反驳将促使我提出今天之论述的主要部分。我并不是用将来去定义他者，而是用他者去定义将来，因为死亡的将来正好构成于它的完全的他异性之中。不过，我的主要回应将是指出，那种与他者的关系，以我们的文明之水平来看，是一种我们的原初关系的复杂状况（complication），它绝不是一种偶然的复杂状况，而是建基于与他人关系的内在辩证法上。我们不能在今天对此展开论述。我只想简要地说明，当我们将迄今为止被非常图式化地（schématiquement）探讨的实显的全部含意推得更远的时候，特别是当我们接着朝向世界的超越而展现表达的超越（这种表达的超越奠定了文明的同时性[contemporanéité] 和所有关系的相互性）的时候，这种辩证法就显现了。但是这种表达的超越本身假设了［作为］他异性的将来，这次，我会把自己限定于［对］这种他异性［的探讨］。

如果说与他者的关系包含了比与神秘的关系更多的东西，那这个东西就是：我们已经在日常生活中靠近他者，在其中，他者的孤独和他者之根本的他异性已经被体面所掩饰。我为别人的也就是别人为我的，这里没有特例的位置给予主体。他者是通过同情而作为另一个自我本身，作为另我（alter ego）被理解的。在布朗肖的小说《亚米拿达》中，这种情形被推向了荒诞。在那些行动所发生的陌异的房间中，没有任何要从事的工作，人们只是在其中逗留，也就是说，在这些房间之间往来的人们，只是实存着，这种社会关系变成了完全的交互性。这些存在者不是可互换的（interchangeable），而是交互的（réciproque），或者更确切地说，他们因为交互才可互换。这样一来，与他者的关系就变得不可能了。

但是，在与他者之关系的中心——这种关系刻画了我们的社会生活——他异性已经显现为一种非交互的关系，也就是说，这是一种之于同时性的鲜明对照。作为他人的他人并不只是一个另我，他人恰是我所不是者。他人之所以是他人，并非由于其性格，或相貌，或心理，而是由于其他异性本身。他人就是，例如，弱者、贫者、“寡妇和孤儿”，然而我却是富有和有力的。可以说，主体间性的空间并不是对称的。他者的外部性不只是源于那一空间（这一空间分离了通过观念而保持同一的东西），也不是源于任何一种这样的差异（这种差异依据的是通过空间的外部性而被表明的观念）。与他异性的关联既不是空间性的，也不是观念性的。涂尔干在质询为何是他人而非我自己是一种德行的对象时，误解了他者的特性。在仁爱和公正之间的根本区别不正来自于为他者之仁爱的优先性（préférence）吗？即使从公正的角度来看，没有任何优先性再是可能的。

爱 欲

这种与他者关系的踪迹存在于文明生活中，我们必须在其原初形式中去探究它。一种他者的他异性在其纯粹性中显现的情形是否存在？他者不只是拥有作为它的同一性的反面的他异性，不只是遵从于柏拉图式的分有律——在其中每一项（terme）都包含同一，并且通过这一同一而包含他者——这样一种情形是否存在？没有这样一种情形吗：在其中，他异性将在积极的意义上，被存在者作为本质而担负？那种并不单纯地进入同一类属的两个类别之对立的他异性是什么？我在思想的是一种绝对对立的对立，其对立性丝毫不会为这样一种关系所影响：这种关系能被建立在它和它的关联项（corrélatif）之间，［相反，］我所思想的对立性却允许它的项保留为绝对他者，它就是女性（le féminin）。[1]

性别不是某种特别的差异。它位于种属和类别的逻辑划

1　这个句子以及下面的一些句子被波伏瓦在 1949 年出版的《第二性》中所引用，以批评列维纳斯的性别主义。波伏瓦认为，列维纳斯为女性指派了一种附属性和被迫性的地位：主体（他）作为绝对，而女人作为他者。——译者注

分的旁边。这种划分，当然永远也不会实现一种经验内容的重新聚合。但是在这个意义上，并不是说，它不允许人们去觉察性别之间的差异。性别之间的差异是一种形式结构，但是它在另一种意义上，分割了现实，并且规定了现实作为复多的可能性，从而与巴门尼德所宣称的统一性(unité)相对立。

性别之间的差异也不是一种矛盾。存在和虚无的矛盾将一者(l’un)导引向另一者(l’autre)，而没有为距离留下空间。转化成存在的虚无，将我们引向“il y a”这一概念。存在的否定发生在普泛存在(l’être en général)的匿名实存的水平上。

性别之间的差异也不是两个互补项(termes complémentaires)之间的二元性，因为两个互补项假设了一种先在的整全。说性别的二元性假设了一种整全，就意味着将爱预先设定为一种融合。然而，爱之哀婉是在存在者之无法逾越的二元性中构成的。它是与一种永远在避开之物的关系。这种关系事实上(ipso facto)并没有中立化 / 抵消(neutraliser)他异性，而是保持着它。情欲之乐(volupté)的哀婉在于存在着二(être deux)。作为他者的他者在这里并不是一个客体，这一客体会变成我们的，或变成我们；相反，它撤回到了它的神秘中。这种女性的神秘——女性的，本质上是他者的——

并不涉及任何奥妙、未知或难解的女性之类的浪漫主义概念。当然，为了支持这一女性位于存在家政学中的特例位置的论点，我很乐意提及歌德或但丁的伟大主题，从贝阿德丽采或永恒的女性（L' Ewig Weibliches），到骑士时代和现代社会的女性崇拜（这当然不能仅仅被解释为一种向弱势性别伸出援手的必要性）——若要更准确地说，我想到了布洛瓦（Léon Bloy）在其《致未婚妻的信》中令人赞叹的不拘一格的篇章，我不想忽略女性主义的合法主张，它们假定了文明已经取得的所有成就。我只是想说，这种神秘必须不在某些文学的轻飘意义上被理解，在最粗野的物质性中，在最不知羞耻和最乏味的女性的显现中，她的神秘和羞涩都不会被取消。亵渎不是一种对神秘的否定，而是与它的可能关系之一。

我在这种女性的概念中关注的不只是不可知性，还有一种存在的模式，这一模式由对光的躲避所构成。女性是一个在实存中的事件，它不同于空间的超越，也不同于朝向光的表达。它是一种在光面前的逃逸。躲藏即是女性实存的方式，而这种躲藏恰恰就是羞涩。此外，这种女性的他异性并不构成于一种简单的客体之外部性。它也不由一种与意志的对立构成。他者并不是我们所遭遇的威胁我们或想征服我们的那种存在。抵抗我们权能的存在之事实，并不是一种比我们的权能更强大的权能。是他异性构造了它的所有权能。它的神秘构成了它的他异性。一个根本性的说明：我并不是原初地将他人视为自由，自由是一种交流的失败在其中已经被提前铭刻的特性。因为和自由联系在一起的关系无非是臣服或者奴役。在这两种情况下，两种自由中的一种都被毁灭了。主奴之间的关系可以被作为一种斗争而把捉，但接着它就变成了一种交互。黑格尔已经向我们展示了主人是如何变成奴隶的奴隶，而奴隶又是如何变成主人的主人。

通过把他人的他异性视为一种神秘，用羞涩定义它本身，我并不是要把它视为一种等同于我的，以及与我较量的自由，我并不是要将另一个实存者放到我的面前，我所提出的是他异性。就像死亡，我们打交道的不是一个实存者，而是他异性事件，而是异化。自由不是初始地刻画他者，并继而从中推导出他异性的东西，他异性是他者将其当作本质而担负的东西。正是因此，我们才在一种爱欲之原初绝对关系中探究他异性，这种关系不能被翻译成权能，也不应该被这样翻译，如果我们不想歪曲该情形的意义的话。

因此，我们描述的是一个范畴，它既不会回到存在和虚无之间的对立，也不会回到实存者的概念。它是一种实存中的事件，却不同于实存者通过它而浮现的实显。实存者在“主体的”和“意识”中完成，他异性却在女性中完成。这个概念与意识是平级的，但在意义上却是相对的。女性不作为一种在朝向光的超越中的*存在者*（étant）而完成，而是在羞涩中完成。

这里的运动因此是反转的。女性的超越构成于退回到别处，这是一种与意识的运动相对立的运动。但是这并不使得它成为无意识的或潜意识的，除了把它称作神秘，我看不到还有其他的可能性。

当把他人视为自由的时候，当通过光的术语思考他人的时候，我们不得不承认交流的失败，我们只能承认这种倾向于把捉或拥有一种自由的运动之失败。只有通过展现爱欲为何不同于拥有和权能，我们才能够承认一种在爱欲中的交流。它既不是一种斗争，也不是一种融合，亦不是一种认识。必须认识到它在诸关系之中的特例位置。这是一种与他异性、与神秘的关系，也就是说，与将来的关系，与在一个所有物都在那里的世界中，永不在那里之物的关系，与当所有物都在那里时，它就必然不能在那里之物的关系。这不是与一个不在那里的存在者的关系，这是一种与他异性之维度本身的关系。在那里，所有可能性都是不可能的，在那里，人们不再能有所能，［但］通过爱欲，主体依旧是主体。爱不是一种可能性，它不源于我们的主动性，它也没有理由，它侵入我们并刺伤我们，但是我（je）却在其中存活。

一种情欲之乐的现象学，我在这里只会粗略地触及它——情欲之乐不像别的愉悦，因为它不是像吃或喝那样孤独的愉悦——它看上去确认了我们关于女性之特例角色和位置的看法，以及在爱欲中任何融合都缺场的看法。

爱抚是一种主体的存在模式，在其中，在与他者接触中的主体将超逾这种接触。作为感觉的接触属于光之世界的一部分。但是确切地说，被爱抚之物是不能被触摸的。爱抚寻找的不是在接触中所给予的手掌之柔滑和温热。构成爱抚之寻找的本质的是，爱抚并不知道它在寻找什么。这种"不知道"，这种根本的无序，是其关键。这就像一个与躲避之物的游戏，一个绝对没有规划和方案的游戏，它与能变成我们的或我们之物无关，而只与某种别的东西相关，这种东西永远他异，永不可通达，一直在到来（à venir）。爱抚就是对这种没有内容的纯粹将来的等待。它由持续增长的饥饿构成，由永远都会更丰厚的允诺构成，朝向一种不可把捉的新视角敞开。它被不可胜数的饥饿所喂养。这种情欲之乐的意向性，将来本身之独一的意向性，并不是对某些未来事实的期待，其一直都被哲学分析所误解。弗洛伊德除了说力比多寻求愉悦之外，就很少说别的了，他只将愉悦作为一种简单的内容，人们由此开始分析，但对它本身却不作分析。弗洛伊德没有在存在的普泛家政学中探寻这种愉悦的重要意义。我们的观点，则由将情欲之乐认定为将来这一事件本身构成，这一将来净化了所有内容，是将来的神秘本身，我们力求去说明其特例的位置。

这种通过爱欲与他者的关联能够被定义为一种失败吗？再一次，答案是肯定的，如果人们接受当下通行的描述术语的话，如果人们想通过“把捉”、“拥有”或“知道”来刻画爱欲的话。［然而，］在爱欲中，并不具有任何这些术语，也没有它们的失效。如果人们能够拥有、把捉和知道他者，它就不是他者。拥有、知道和把捉是权能的同义词。

此外，与他者的关联常常被作为一种融合而研究。我想反驳的正是这种观点。与他人的关系是他者的缺场，这不是单纯的缺场，也不是纯粹虚无的缺场，而是在将来视域中的缺场，这一缺场就是时间。在这一视域中，一种个人生活能够在超越性事件的中心被构成，我已经在前文将它称作“战胜死亡”，就此我们必须最后再说几句作结。

生　育

让我们回归将我们从死亡之他异性引向女性之他异性的关注点。在一个纯粹事件面前的、一个纯粹将来面前的［事件］，即是死亡，在那里，自我（le moi）不再能有所能，也就是说，不再能够是自我——然而我们探究的是这样一种情形，在其中，保留自我是可能的，我们已经把这一情形称作“战胜死亡”。再强调一次，不能用权能来定性这一情形。在你（un toi）的他异性中，我如何能够保存自我，而不被你所吸收，或丧失于你之中？自我如何在你中保存自我，然而又不是在我的现在中我所是的那个自我，即命中注定回归自身的自我？自我如何变得他异于自身（autre à soi）？这唯独能以这样的方式发生：通过父性 / 父子关系（la paternité）而发生。

父性是一种与陌生人的关系，这个陌生人全然地作为他人，却又是我；是自我和自我 - 本身（moi-même）的关系，这个自我 - 本身却又是我的陌生人。儿子，事实上，既不简单地是我的作品，像一首诗或一件工艺品，也不是我的财产。

这些权能或拥有的范畴都不能指示一种与孩子的关系。而因果和财产的概念也都不能够使人们把捉生育的事实。我不拥有我的孩子，我某种程度上就是我的孩子。只是“我是”在这里的意义不同于在埃利亚学派或柏拉图学派那里的意义。在这一实存的动词中有一种多样性和超越，这种超越哪怕在最大胆的存在主义分析中都是缺乏的。另一方面，儿子也不是任何发生在我身上的事件，例如，我的悲伤、我的考验或我的受难。儿子是一个自我，是一个人。最后，儿子的他异性不是一个另我的他异性。父性不是一种同情，通过它，我可以把自己放到儿子的位置。通过我的存在，而不是通过同情，我是我的儿子。就此，随着实显所开始的自我对自己的回归，就不是不可避免的（sans rémission），这得益于由爱欲所开启的将来视角。这种避免（rémission）的获得不是通过实显那不可能实现的解除，而是通过儿子来实现的。因此，自由的产生和时间的发生就不是根据因果的范畴，而是根据父亲的范畴。

柏格森的生命冲动概念，将艺术创造和生成（génération）混合为同一种运动——我们把它称作“生育”——它并不考虑死亡，它首要地是朝向一种非个人化的泛神论，在这个意义上，它并没有充分注意到主体性的蜷缩(crispation)和孤立，但这却是我们的辩证法不可或缺的时刻。父性不只是一种父亲在儿子中的更新，也不只是一种父亲与儿子的融合，它更是父亲相对于儿子的外部性，一种多元论的实存。自我的生育必须在它恰当的存在论价值上被理解，这至今还没有被做到。它作为生理学和心理学范畴的事实是无法中立化 / 抵消它意义中的悖谬的。

我从死亡的概念和女性的概念开始，而在儿子的概念中作结。我没有以一种现象学的方式推进。这种发展的连续性是一种从实显的同一性，以及自我束缚于自身所开始的辩证法的连续性——这一连续性朝向对这种同一性的维持而伸展、朝向对实存者的维持而伸展，但这却是在一种自我相对于自身的解放之中进行的。我们已经分析的诸种具体情形表现了这种辩证法的实现。尽管许多中介步骤被跳过了。这些情形的统一——死亡、性别、父性——直到现在才相对于权能概念而显现，这一权能概念是为这些情形所排除的。

这就是我的主要目标。我已经坚持强调他异性不只单纯地是在我的自由旁边的另一种自由的实存。对于它，我有一种权能施加于其上，［但］在这一权能中，它于我是绝对陌生的，与我没有任何关系。多个自由的共同实存即是多样性，它让每种单一性（l' unité）都保持完好无损；又或者这种多样性会被整合进一种普遍意志中。性别、父性和死亡［却］在实存中引进了一种二元性，这种二元性关乎每一个主体的实存本身。实存自身变成了二元的。埃利亚学派的存在概念被超离了。时间构成的不是存在的堕落形式，而是其事件本身。埃利亚学派的存在概念主宰了柏拉图的哲学，在其中，多样性是附属于太一的，而在那里，女性的作用只以被动和主动的范畴而被思考，并被还原为物质。柏拉图没有在其独特的爱欲概念中把捉女性。在他的爱的哲学中，他留给女性的作用只是提供一个理念的范例，而只有理念才能是爱的对象。而所有一者（l' un）与另一者（l' autre）之关系的特殊性却被视而不见，柏拉图构建了一个必须模仿理念世界的理想国，它构建了一种光之世界的哲学，这是一个没有时间的世界。从柏拉图开始，社会的理想模式就是寻找一种融合的理想模式。人们认为在主体与他者的关系中，通过沉浸到一种集体表象中，一种共通的理想模式中，主体会倾向于与他者相同一。正是集体性在说“我们”，它转向理智的阳光，转向真理，感受他者在自身旁边，而不是在自身对面。这种集体性必须让自身围绕一个第三项而建立起来，这个第三项作为中介而发挥作用。共/与在也保留着与（avec）的集体性，它围绕着在其本真形式中解蔽的真理。它是一种围绕某种共通之物的集体性。就像在所有共契（communion）的哲学中一样，社会性在海德格尔那里是在孤单的主体中被发现的，并且通过有关孤独的诸概念，延续着对在其本真形式中的此在的分析。

与这种肩并肩的集体性相对，我试图比照一种“我－你”的集体性，这不是在布伯意义上而言的，在他那里，交互性保持为在两个分离的自由之间的纽带，而且孤立的主体性之不可回避的特性在他那里是被低估的。我已经探究了一种朝向将来之神秘的现在之时间性超越。这不是一种通过第三项的分有，无论这一第三项是一个人、一种真理、一种工作，还是一门职业。这是一种不是共契的集体性。它是一种没有中介的面对面，而且它是在爱欲中被提供给我们的，在［爱欲］中，在他者的临近中，距离被完整地维持着，它的哀婉既在于这种临近性，也在于这种二元性。

人们在爱的交流中呈现的失败正构成了这种关系的积极性，这一他者的缺场正是它作为他者的在场。

与作为柏拉图之世界的宇宙相对的是精神的世界，在那里爱欲的意涵不会被还原为种属的逻辑，在那里，自我替代了同一（la même），而他人替代了他者。

图书在版编目（CIP）数据

时间与他者/（法）伊曼努尔·列维纳斯著；王嘉军译. -- 武汉：长江文艺出版社，2020. 6（2024.5重印）
（拜德雅. 人文丛书）
ISBN 978-7-5354-9459-7

Ⅰ. ①时… Ⅱ. ①伊…②王… Ⅲ. ①人类学—研究
Ⅳ. ①Q98

中国版本图书馆CIP数据核字（2020）第003601号

拜德雅·人文丛书

时间与他者
SHIJIAN YU TAZHE

［法］伊曼努尔·列维纳斯 著
王嘉军 译

特约策划：邹 荣 任绪军　　特约编辑：邹 荣
责任编辑：程华清　　责任校对：邬小梅
封面设计：左 旋　　责任印制：李雨萌

出版：长江出版传媒 | 长江文艺出版社
地址：武汉市雄楚大街 268 号　　邮编：430070
发行：长江文艺出版社
http://www.cjlap.com
印刷：湖北新华印务有限公司

开本：1092mm × 787mm　1/32　印张：5
版次：2020 年 6 月第 1 版　　2024 年 5 月第 6 次印刷
字数：79 千

定价：42.00 元

Le temps et l'autre, by Emmanuel Levinas

版贸核渝字（2015）第 347 号

拜德雅
Paideia
人文丛书

（已出书目）

语言的圣礼：誓言考古学（“神圣人”系列二之三）	[意]吉奥乔·阿甘本 著
宁芙	[意]吉奥乔·阿甘本 著
奇遇	[意]吉奥乔·阿甘本 著
普尔奇内拉或献给孩童的嬉游曲	[意]吉奥乔·阿甘本 著
品味	[意]吉奥乔·阿甘本 著
什么是哲学？	[意]吉奥乔·阿甘本 著
海德格尔：纳粹主义、女人和哲学	[法]阿兰·巴迪欧&[法]芭芭拉·卡桑 著
苏格拉底的第二次审判	[法]阿兰·巴迪欧 著
追寻消失的真实	[法]阿兰·巴迪欧 著
不可言明的共通体	[法]莫里斯·布朗肖 著
自我解释学的起源：福柯1980年在达特茅斯学院的演讲	[法]米歇尔·福柯 著
什么是批判？自我的文化：福柯的两次演讲及问答录	[法]米歇尔·福柯 著
铃与哨：更思辨的实在论	[美]格拉汉姆·哈曼 著
福柯的最后一课：关于新自由主义，理论和政治	[法]乔弗鲁瓦·德·拉加斯纳里 著
非人：漫谈时间	[法]让-弗朗索瓦·利奥塔 著
从康吉莱姆到福柯：规范的力量	[法]皮埃尔·马舍雷 著
艺术与诸众：论艺术的九封信	[意]安东尼奥·奈格里 著
批评的功能	[英]特里·伊格尔顿 著
走出黑暗：写给《索尔之子》	[法]乔治·迪迪-于贝尔曼 著
时间与他者	[法]伊曼努尔·列维纳斯 著
声音中的另一种语言	[法]伊夫·博纳富瓦 著
风险社会学	[德]尼克拉斯·卢曼 著